恐龙百科全书

[印] XACT公司 编　何文 译

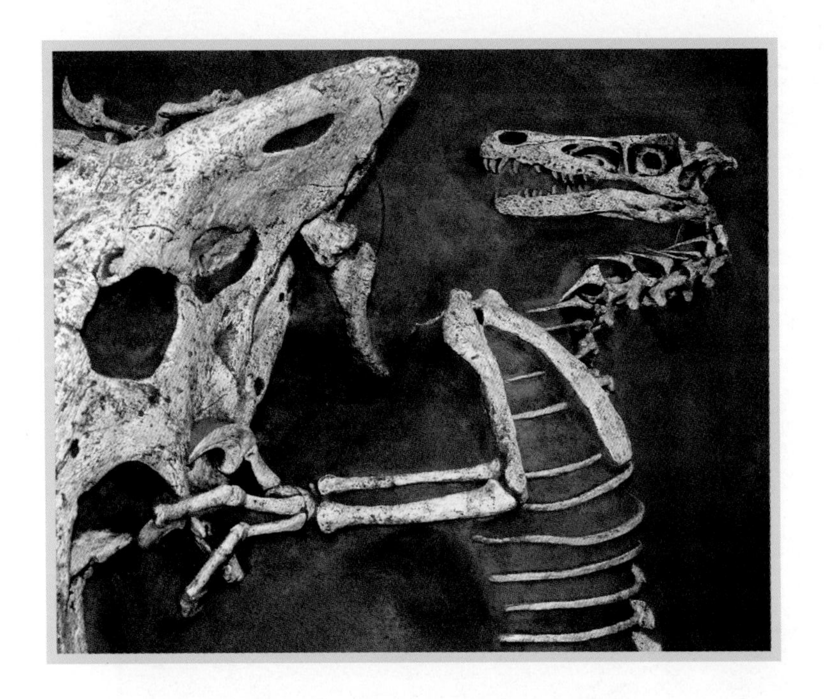

图书在版编目（CIP）数据

恐龙百科全书 / 印度XACT公司编; 何文译. — 北京: 地震出版社, 2014.10
书名原文: Dinosaurs encyclopedia
ISBN 978-7-5028-4432-5

Ⅰ. ①恐… Ⅱ. ①印… ②何… Ⅲ. ①恐龙—青少年读物 Ⅳ. ①Q915.864-49

中国版本图书馆CIP数据核字(2014)第089243号

著作权合同登记　图字：01-2014-3482

地震版 XM3268

恐龙百科全书　[印]XACT公司 编　何文 译

策　　划	小萌童书	发 行 部	68423031　68467993
责任编辑	范静泊	门 市 部	68467991
责任校对	孔景宽	总 编 室	68462709　68423029
版式设计	王　宇	市场图书事业部	68721982
出版发行	地震出版社	经　　销	全国各地新华书店
社　　址	北京民族学院南路9号（100081）	印　　刷	小森印刷（北京）有限公司
版(印)次	2014年10月第一版 2014年10月第一次印刷	印　　张	6.75
开　　本	889×1194　1/16	书　　号	ISBN 978-7-5028-4432-5
字　　数	102千字	定　　价	46.00元

恐龙百科全书

目 录

简 介

“恐龙”的英文是“Dinosaur”，它来源于古希腊的词语“deinos”和“sauros”。“Deinos”的意思是“恐怖的”，而“sauros”的意思是“蜥蜴”。准确地讲，恐龙是中生代时期地球上最主要的生物。它们统治地球一亿七千万年之久，经历了地球上各种环境以及气候的变化。它们的个头儿差别很大：个头儿小的甚至和小鸡那样大，而那些大块头的恐龙体长可达 30 多米，体重将近 100 吨。自从 19 世纪人们首次发现恐龙化石以来，还原的恐龙骨骼已经成为世界上很多博物馆中最引人注目的展品。恐龙还是一些畅销书籍和电影中的主人公，例如电影《侏罗纪公园》。恐龙在它们生活的时期是当之无愧的霸主，透过一些化石和遗迹，我们可以看出有些恐龙是多么的凶猛，例如暴龙。虽然它们现在已经灭绝，但是我们还是对这些危险的庞然大物充满了兴趣，尤其是孩子们，他们渴望知道恐龙生活的状况，希望了解它们的体型特征、生活习性等等。而这本书中就写满了一切关于恐龙问题的答案。这本书囊括了世界著名恐龙的基本信息，精彩的描述，配以五彩斑斓、惟妙惟肖的图片，对于那些想要了解恐龙的小朋友来讲，这本书一定不会让他们失望。

醒龙

醒龙是体态较小的恐龙，生活在侏罗纪早期，可能是草食类恐龙，但也可能是杂食类恐龙。这种恐龙的上下颌长着犬齿，上颌的犬齿有 10 厘米长，而下颌的犬齿足足有 18 厘米长。有些研究表明大部分醒龙没有獠牙是原始动物的特征。和异齿龙相比较，醒龙的前肢短小无力，它前肢的第四节和第五节各缺少一根趾骨。

基本参数

时期：侏罗纪早期
食性：草食
体重：约 45 千克
分类：角足亚目
畸齿龙科

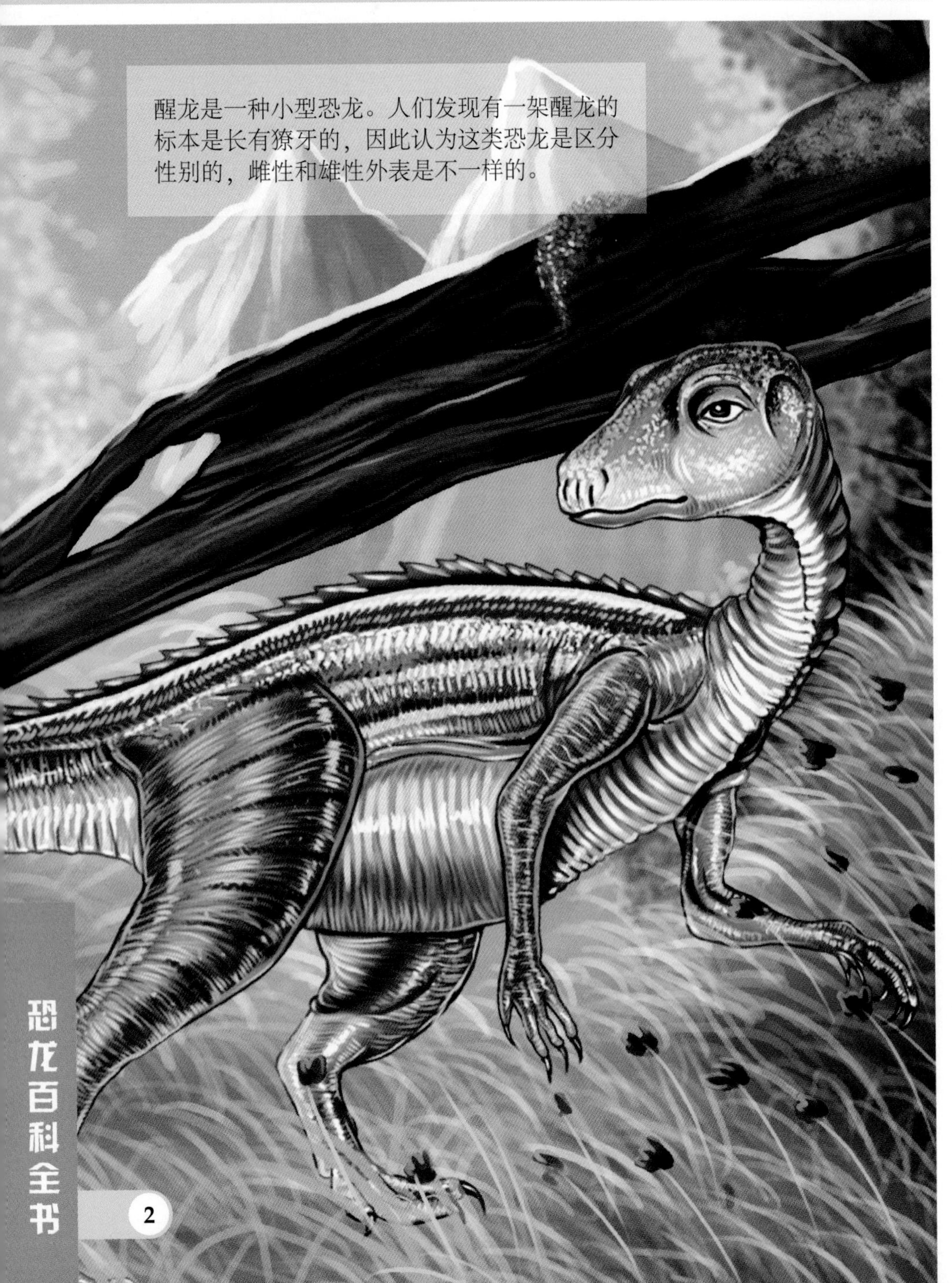

醒龙是一种小型恐龙。人们发现有一架醒龙的标本是长有獠牙的，因此认为这类恐龙是区分性别的，雌性和雄性外表是不一样的。

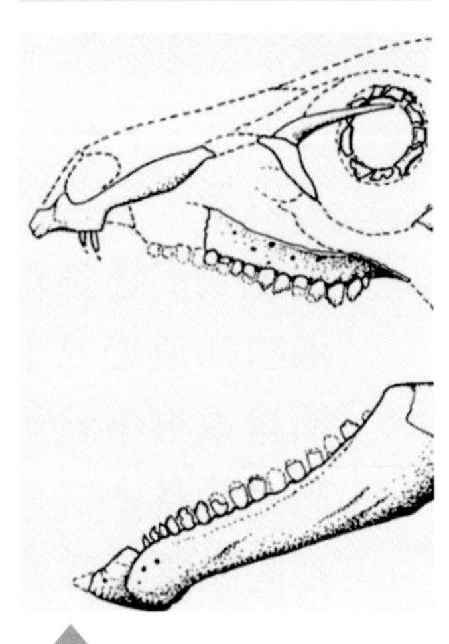

人们分别在南非的莱索托和好望角发现了醒龙的化石。理查德·萨博（Richard Thulborn）在 1974 年首次描述了醒龙化石的标本。1975 年，詹姆斯·霍普森（James Hopson）重新描述了新发现的醒龙骨骼化石。

原来如此

- 醒龙生活在侏罗纪早期的非洲南部地区，时间大约是一亿九千九百万至一亿九千六百万年前。
- 醒龙属于畸齿龙科，具有畸齿龙科恐龙的特点，即上下颌长着不同种类的牙齿。

棘甲龙

基本参数

时期：白垩纪早期
食性：草食
体重：约 380 千克
分类：装甲亚目
结节龙科

棘甲龙生活在白垩纪早期的英格兰，身上长有鳞甲，四足行走。它的鳞甲由椭圆形甲片组成，水平地排列于皮肤上面，在它的颈部和肩膀有尖刺伸出，尖刺沿着脊椎排列。它是大型的草食类爬行动物。棘甲龙每天食用大量的低矮类植物来维持生命。它可能长有可以发酵食物的器官来辅助胃部消化粗糙的植物，并且会产生大量的气体。

人们在英格兰找到了棘甲龙的一部分骨骼化石。“棘甲龙”这个名字是由英国考古学家托马斯·亨利·赫胥黎（Thomas H. Huxley）于1865年命名的。

棘甲龙是结节龙科的一个小成员。一般认为它外表覆盖了椭圆形装甲并且沿着背部中央有一些锋利的棘刺。

原来如此

- 棘甲龙生活在大约一亿九千一百万至一亿一千五百万年前。
- 棘甲龙这种恐龙的名字来源于它们身上的鳞甲。“鳞甲”这个词语起源于希腊的词语“akantha”和“pholis”，分别表示“刺”的“鳞”。
- 棘甲龙的身长大约 4.6 米，体重大约 380 千克。

阿基里斯龙

阿基里斯龙是驰龙科兽脚亚目的一种恐龙，生活在白垩纪晚期的亚洲蒙古地区，时间大约在九千万年前。它可能是行动灵活的双足肉食动物，用它后脚第二脚趾上那巨大的、好像镰刀一般的趾爪来追捕猎物。它可能是其所生活的时期中最为凶猛的捕猎者之一。阿基里斯龙是驰龙科中体型较大的品种，身长从鼻端到尾巴为4.6~6.0米。

基本参数

时期： 白垩纪晚期
食性： 肉食
体重： 227~454千克
分类： 兽脚亚目
驰龙科

阿基里斯龙的骨骼化石在发现时大部分都是分离的（科学家后来对它们做了整合），包括一部分带有牙齿的上颌骨、脊椎骨每个部位的椎骨、肋骨、肩胛骨，以及前肢骨和后肢骨。

这些骨骼化石最初是在1989年由来自蒙古和俄罗斯的科学家组成的野外探险队发现的。1999年，蒙古古生物学家阿尔塔吉尔·勃利（Altangerel Perle）以及美国古生物学家马克·诺瑞尔（Mark Norell）和吉姆·克拉克（Jim Clark）为其命名。

原来如此

- 阿基里斯龙和生活在白垩纪的其他猛兽一样，通常被描述为身披羽毛，预示着它和现代的鸟类之间较近的进化关系。
- 阿基里斯龙的属名来自于古希腊特洛伊战争中的英雄“阿基里斯”以及蒙古语的“英雄”一词。

基本参数

时期: 白垩纪早期
食性: 肉食
体重: 2.3 吨
分类: 兽脚亚目
鲨齿龙科

高棘龙

高棘龙的学名意为“有高棘的蜥蜴”，因为它的脊柱上面长出了棘。它是一种凶猛的肉食恐龙，体长 9~12 米，体重大约为 2.3 吨。它的头部硕大，头骨的长度可达 1.4 米，长有 68 颗薄薄的利齿，如同锯齿一般。从它的脊柱骨中拔出了一排棘，长度为 43 厘米，一直从脖颈延伸到尾巴，就像是在背部形成了一道厚厚的皮肉盔甲。它们生活在白垩纪早期的北美洲。

高棘龙的骨骼化石主要发现于美国的奥克拉荷马州、德克萨斯州和马里兰州。它是由古生物学家斯托佛(Stovall)和兰斯顿(Langston)于 1950 年命名的。

高棘龙的前肢有力，每只爪子长有三只指头以及长长的好似镰刀一般的利爪。它最为显著的特征是身上长有一排高耸的神经棘，沿着脊椎骨从脖颈、后背、臀部一直延伸到尾巴的前段。

原来如此

- 高棘龙使用两条充满力量的长长的后肢行走。
- 高棘龙长着硕大的球根嗅球，说明它的嗅觉非常灵敏。
- 高棘龙生活在白垩纪早期，大约距今一亿五千万至一亿零五百万年。

埃及龙

埃及龙的学名意为“埃及的蜥蜴”，生活在大约九千五百万年前的非洲地区，那是白垩纪的中期至末期。这种四足恐龙是草食性的动物。埃及龙的化石发现于埃及、尼日以及撒哈拉沙漠的多处地方。最早发现的是埃及龙的脊椎骨以及部分腿骨的化石。据推测，埃及龙的体长大约为 15 米。

基本参数

时期：白垩纪中期
食性：草食
体重：约 12 吨
分类：蜥脚形亚目 泰坦巨龙类

埃及龙有可能是其他大型肉食性恐龙的猎物，例如鲨齿龙及棘龙等。

埃及龙是由古生物学家恩斯特·斯特莫（Ernst Stromer）在 1932 年命名的。它的化石曾被存放于德国慕尼黑，但于 1944 年第二次世界大战期间摧毁。

原来如此

- 埃及龙与阿根廷龙属于近亲，阿根廷龙是在南美洲发现的体型更大的恐龙。
- 埃及龙有着很长的颈及小型的头颅骨。
- 埃及龙是一种大型的草食性恐龙。

基本参数

时期： 侏罗纪中期
食性： 肉食
体重： 约 1.36 吨
分类： 兽脚亚目
巨齿龙科

非洲猎龙

非洲猎龙，顾名思义，“非洲的猎人”。非洲猎龙属的拉丁文名称为 Afrovenator，其前缀“afro-”意即“从非洲”，“venator”意即“猎人”。这个名称体现了其猎捕动物的习性，以及它的生存地区——非洲。这种恐龙生活在大约一亿三千万年之前。非洲猎龙化石是在 1993 年被发现的。从非洲猎龙的骨骼来看，它与异特龙曾经是近亲，异特龙是一种生活在一亿五千万年前北美地区的恐龙。

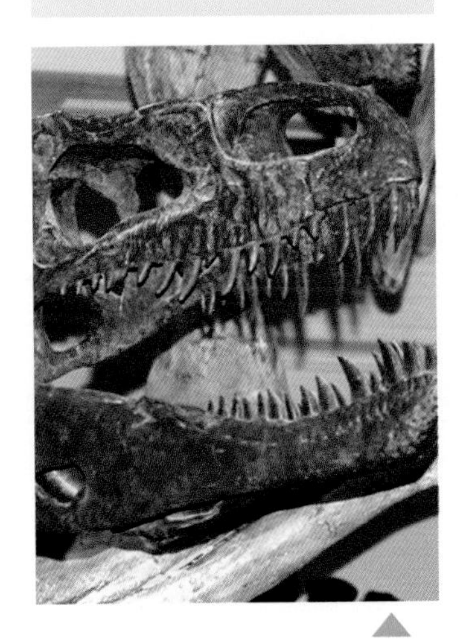

非洲猎龙的化石是由一位参加美国《国家地理》赞助的探险队的业余考古爱好者于 1993 年发现的。在 1994 年，保罗·塞利诺（Paul Sereno）对这些化石进行了描述、命名。

非洲猎龙是属锯齿龙科兽脚亚目的一种恐龙。它是两足的食肉动物，口中长满了锋利的牙齿，每个前爪上面长有三个带钩的指头。

原来如此

- 非洲猎龙的化石包含了几乎完整的头骨，展示了头部的大部分特征，部分脊椎骨、双爪和前肢、几乎完整的骨盆以及几乎完整的后肢。
- 非洲猎龙的前肢非常有力，每只爪子上面有三个指头，前端长有锋利的钩子。

阿拉摩龙

阿拉摩龙是一种生活在白垩纪晚期的四足恐龙，大约在七千三百万至六千五百万年前。它是蜥脚下目恐龙分支中的一员。阿拉摩龙称为圣胡安阿拉摩龙，它们有着长的颈部及尾巴，末端有着鞭索结构，身长大约 21 米。阿拉摩龙属的名称是由美国古生物学家查尔斯·怀特尼·吉尔摩尔（Charles W. Gilmore）于 1922 年命名的。阿拉摩龙是最后一种蜥脚类恐龙。

基本参数

时期： 白垩纪晚期
食性： 草食
体重： 约 33 吨
分类： 蜥脚形亚目 萨尔塔龙科

阿拉摩龙在中生代末期灭绝，当时，还有很多其他种类的恐龙也遭遇了灭顶之灾。它的尾巴末端有着鞭索结构，可能是用来保护自己、对抗敌人的。

阿拉摩龙的名字从美国新墨西哥州圣胡安盆地的白杨山（Ojo Alamo）地层的名称中得来，因为在那里首次发现了它的化石。阿拉摩龙的化石主要是些骨架的残骸，而头颅骨至今仍未发现。

原来如此

- 阿拉摩龙长有小且钝的牙齿，用来咬断并撕碎植物。
- 最近一次阿拉摩龙化石发现于 20 世纪 70 年代，位于美国大弯曲国家公园，包含两块巨大的骨骼，一块肩胛骨和一块肱骨。

基本参数

时期： 白垩纪晚期
食性： 肉食
体重： 约 3.5 吨
分类： 兽脚亚目
暴龙科

艾伯塔龙

艾伯塔龙是大名鼎鼎的暴龙的“长兄”，是一种早期暴龙。这两种恐龙在很多方面都有着相似之处：从身体结构来讲，它们都有硕大的头部，非常短小的前肢，并且每个前肢只有两根手指，长长的尾巴协助强壮有力的后肢来保持住身体的平衡。但是，暴龙的双眼目光集中于前方，而艾伯塔龙的双眼更容易观察两侧。它的这个特征表明，艾伯塔龙对于距离的判断并不灵敏，所以在猎食的时候，它很可能无法跃至猎物的身上。

艾伯塔龙化石最早是由约瑟夫·蒂勒尔（Joseph B. Tyrrell）于 1884 年在加拿大西部发现的。亨利·费尔费尔德·奥斯本（Henry Fairfield Osborn）于 1884 年为它命名。后来，在加拿大亚伯达省以及美国西部又多次发现艾伯塔龙化石。

艾伯塔龙身长约9米，身高3米左右，体重约3.5吨，比我们熟悉的暴龙要早三百万年就横行于天下。由于它体重较轻，因此，是已知暴龙类恐龙中跑得最快的品种。

原来如此

- 艾伯塔龙的头部长有两个钝钝的小犄角，刚好在眼睛的正上方。
- 艾伯塔龙生活在白垩纪末期（大约在七千六百万至七千四百万年前），一直到中生代末期（也就是爬行动物的时代）。
- 艾伯塔龙以食用其他草食性恐龙为生。

双腔龙

双腔龙是草食性梁龙科恐龙下面的一个属，包括可能是迄今为止发现的最大的恐龙——易碎双腔龙。还包括另一个种——高双腔龙，这个名字由古生物学家爱德华·德林克·科普（Edward Drinker Cope）于1877年12月命名。双腔龙的大腿骨不同寻常地长、纤细，并且其横切面呈现圆形，但这种曾经以为是双腔龙独有的骨骼特征，后来在一些梁龙标本中也有发现了。

基本参数

时期： 侏罗纪晚期
食性： 草食
体重： 约 122.4 吨
分类： 蜥脚形亚目 梁龙科

易碎双腔龙发现于1877年，是当时地球上生存的体型最大的恐龙。这种生活在史前的大家伙，身体可达40~60米长，体重可能为122.4吨。

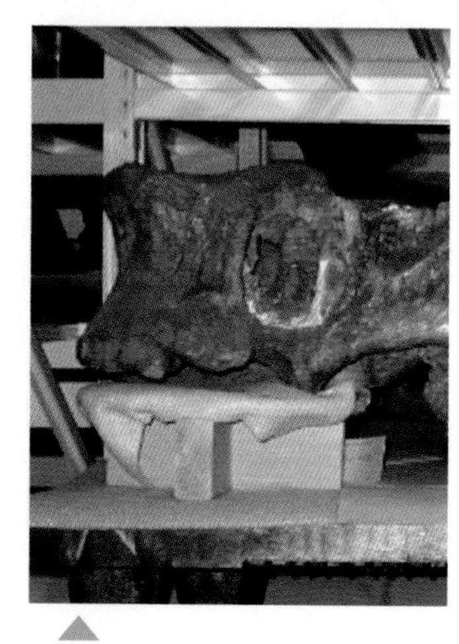

易碎双腔龙是由化石收藏家奥拉美·卢卡斯（Oramel Lucas）发现的。他在美国科罗拉多州的卡农城北方的花园公园发现了易碎双腔龙的部分脊椎，即神经弓及神经棘。

原来如此

- 双腔龙，意为“双重空腔”，指的是它薄薄的脊骨腔，独特的双腔脊骨支撑它巨大的身体。
- 易碎双腔龙，指神经弓的根板非常薄。

基本参数

时期：白垩纪中期
食性：草食
体重：约 454 千克
分类：装甲亚目
结节龙科

活堡龙

活堡龙是甲龙下目结节龙科下的一个属，生活于上白垩纪的北美洲，时间大约为一亿六百万至九千七百万年前。活堡龙是草食性恐龙，动作非常迟缓。这种恐龙的背部有重装甲盾板，但是却没有像其他结节龙科恐龙那样长有尾棍。活堡龙的头颅骨大约 25 厘米长，身长大约 3 米。

活堡龙是拉玛尔·琼斯（Ramal Jones）于 1944 年发现的。迄今为止，活堡龙仅有一具已发现的标本。

活堡龙具有很多非常显著的特征，包括头颅骨后呈圆顶状、眶后骨及方颧骨上长有小角以及下颌只有一半装甲。

原来如此

- 活堡龙的化石是在美国犹他州东部的雪松山组地层中发现的。
- 活堡龙和埃德蒙顿甲龙以及爪爪龙是近亲。

甲龙

甲龙属是一类体型较大、全身披着“铠甲”的恐龙。甲龙背上的硬甲实质为硬化皮肤，具有较强的防御能力，但对咬合力强大的暴龙来说，作用有限。甲龙的甲板质地较为平滑。它的尾巴很短，但是很厚，在尾端带有尖刺。它的身体呈现平缓的弓状，并且很宽。

基本参数

时期： 白垩纪晚期
食性： 草食
体重： 3~4 吨
分类： 装甲亚目
甲龙科

这种平和的草食性恐龙生活在白垩纪时期的北美洲西部。它的体长约 7.5 米，宽度约 1.8 米，高度约 1.2 米，体重可达 4 吨左右。

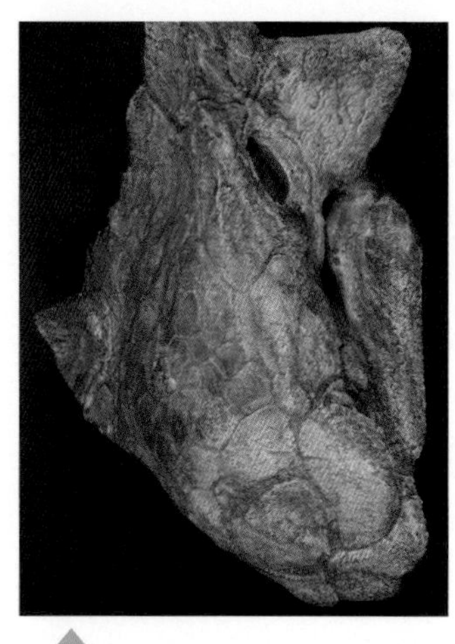

甲龙由巴纳姆·布朗(Barnum Brown) 于 1908 年命名。人们曾经在美国蒙大拿州和加拿大阿尔伯达省发现过甲龙的化石。发现的化石包括两个头颅骨、三个部分的头颅骨，以及装甲和尾巴棒槌。

原来如此

- 甲龙是在白垩纪第三纪大灭绝时期灭绝，即大约六千五百万年前。
- 甲龙必须食用大量的低矮植物来维持生命。
- 甲龙的尾巴长有厚实的骨头结构，可以像棒槌那样摆动。

基本参数

时期：白垩纪晚期
食性：肉食
体重：约 62 千克
分类：兽脚亚目
似鸟龙科

似鹅龙

似鹅龙是似鸟龙科中的一员，是似鸟龙类的一个衍生组。这个组中除了似鸡龙外，还包括其他兽脚类恐龙，比如体型巨大的特暴龙和恐手龙，以及体型小一些的驰龙科恐龙、窃蛋龙和鸟类。似鹅龙化石是在蒙古的耐梅盖特发现的，这个地层过去是个曲折河流的冲积平原，时代可以追溯至上白垩纪的麦斯特里希特阶，距今约七千四百万到六千五百万年前。

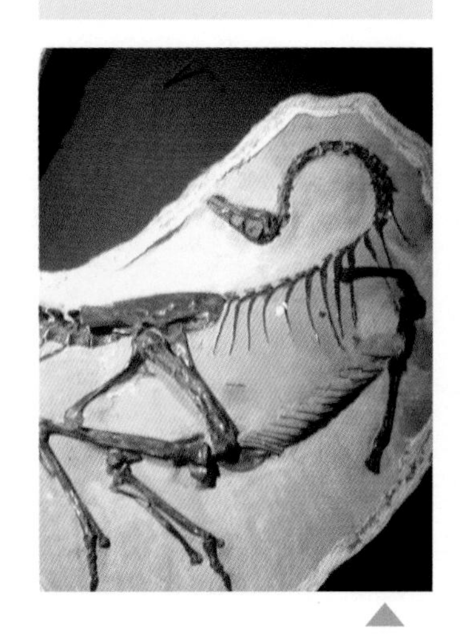

20 世纪 70 年代末，来自前苏联及蒙古的联合考察队在蒙古巴彦洪戈尔省的戈壁沙漠里发现了似鹅龙的化石。蒙古古生物学家瑞钦·巴思钵（Rinchen Barsbold）于 1988 年命名了似鹅龙。

似鹅龙及似鸡龙化石都是在蒙古耐梅盖特组发现的，虽然不是同一个地层，但它们是近亲。

原来如此

- 似鹅龙生活在白垩纪晚期，大约在七千五百万至七千万年前。
- 似鹅龙为四足行走恐龙。它的身体瘦长、行动敏捷。
- 似鹅龙的身体较长，长着长长的尾巴和鼻子。

南极甲龙

南极甲龙是甲龙下目恐龙，生存于白垩纪晚期的南极。南极甲龙体型中等，身长不超过4米。对于它的颅骨，人们所知有限。在目前已发现的颅骨碎片上，都有起到保护功能的骨甲。一块被鉴定为眶上骨的骨头上有短尖刺，在眼部上方向外突出。

基本参数

时期： 白垩纪晚期
食性： 草食
体重： 3~4 吨
分类： 甲龙下目
结节龙科

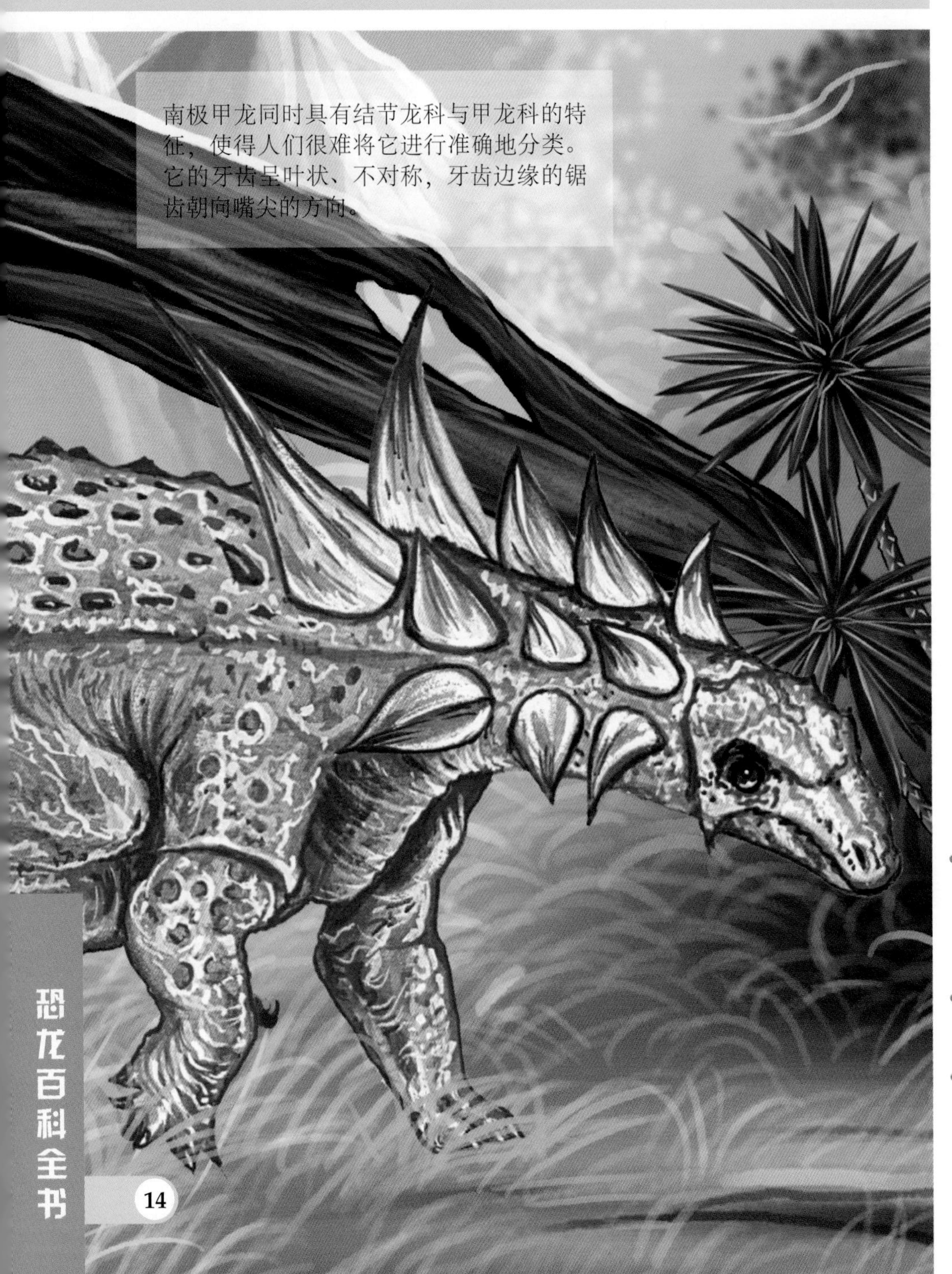

南极甲龙同时具有结节龙科与甲龙科的特征，使得人们很难将它进行准确地分类。它的牙齿呈叶状、不对称，牙齿边缘的锯齿朝向嘴尖的方向。

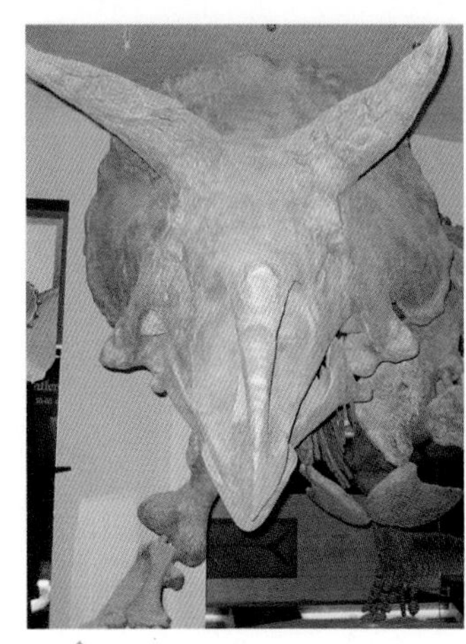

南极甲龙化石是由阿根廷地质学家爱德华多·奥立维罗（Eduardo Olivero）与罗贝托·斯加索（Roberto Scasso）发现的，但因为冰冻的地层与恶劣的气候，在经历数十年后，挖掘才最终完成。

原来如此

- 南极甲龙是笨重的、四足行走的草食性动物，身上覆盖着嵌入至皮肤内的骨板用来保护自己。
- 从口鼻处一直到尾端，南极甲龙的体长大约为4米。
- 和其他甲龙相比，南极甲龙的牙齿相对较大。

基本参数

时期：白垩纪晚期
食性：草食
体重：40~70 吨
分类：蜥脚形亚目
南极龙科

南极龙

南极龙属于泰坦巨龙类草食性恐龙，它是体型巨大的蜥脚亚目种，生活于大约七千五百万年前的上白垩纪。这种四足恐龙的体长可能会达到大约 18 米，高度大约为 6 米，体重能够达到 40~70 吨，成为南美洲蜥脚形亚目恐龙中最大的品种之一，也是最大的恐龙种类之一。它的一条大腿骨长度可以超过 2.3 米，比其他任何已知的恐龙大腿骨都要长。

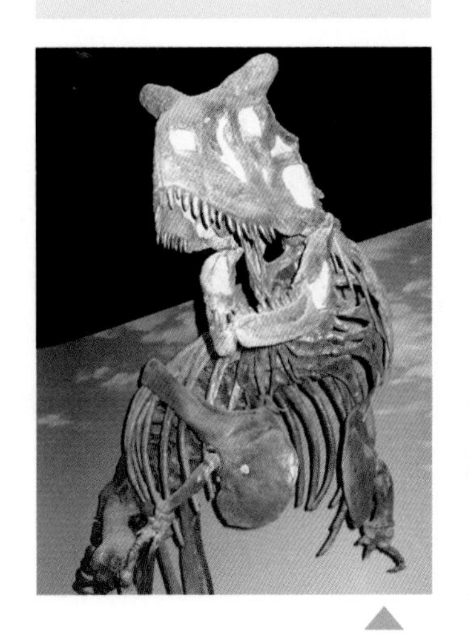

南极龙是泰坦巨龙类下的一个属，生活于白垩纪晚期的南美洲。它是由多产的德国古生物学家弗里德里希·冯·休尼（Friedrich von Huene）在 1929 年描述的。

南极龙的名字并不表示南极洲。它的属名源自古希腊文，意为“南方的蜥蜴”。它生活的地方位于南美洲大陆。

原来如此

- 南极龙长着钝钉子一般的牙齿，是草食性动物。
- 正如其他很多恐龙一样，南极龙属于泰坦巨龙类下的一个属的说法，一直存在很多争议。
- 南极龙的臀部巨大，后肢很高，前肢几乎和后肢等高，有着长长的颈部和尾部。

雷前龙

雷前龙是已知最古老的蜥脚下目恐龙，生存于晚三叠纪的非洲南部。它的名字来源于拉丁文，意为“在雷声之前”。雷前龙体长为 8~10 米，生活范围相当于现今的非洲奥兰治自由邦地区。雷前龙的化石发现于下艾略特组地层。它的体重可以达到 2 吨以上。

基本参数

时期： 三叠纪晚期
食性： 草食
体重： 约 2 吨
分类： 蜥形纲
蜥脚下目

雷前龙的模式种包含了几块骨骼，包括宫颈中枢骨、四块背部的椎骨、骶骨、尾椎、背肋、肩胛骨、肱上膊右侧和双侧尺骨。

亚当·耶茨（Adam Yates）是澳大利亚的一位研究早期蜥脚下目恐龙的古生物学家，他和南非古生物学家詹姆斯·凯奇（James Kitching）于 2013 年共同撰写了一篇报告，在其中命名了雷前龙。

原来如此

- 雷前龙是四足行走的草食性恐龙。它的特征和蜥脚亚目的特征相符。
- 雷前龙的体型偏大，它具有和蜥脚下目相似的特征。
- 在雷前龙生活的三叠纪晚期，它是非常大型的生物。

基本参数

时期：侏罗纪晚期
食性：草食
体重：33~38 吨
分类：蜥脚下目
梁龙科

迷惑龙

迷惑龙是陆地上存在的最大型的生物之一。它生活于一亿五千七百万至一亿四千六百万年前的侏罗纪末期。这种体型巨大的草食动物臀部约 4.5 米高，长 21~27 米。它的头部大约 0.6 米长，头骨很长，可是大脑却很小。它的后肢要比前肢大。迷惑龙的前肢只有一个大爪。

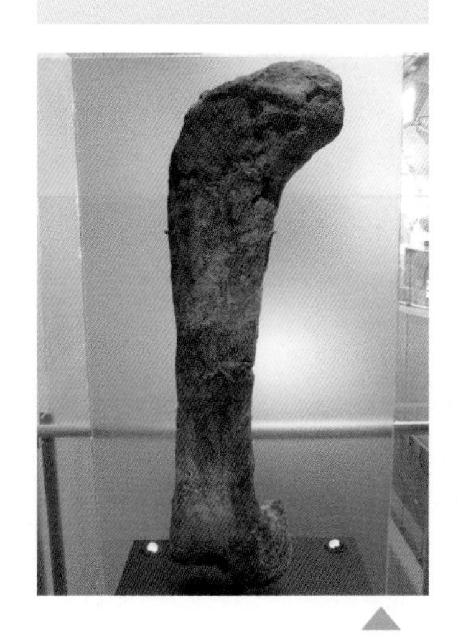

很多迷惑龙的化石发现于美国的科罗拉多州、俄克拉何马州、犹他州，以及怀俄明州。1877 年，美国古生物学家奥塞内尔·查利斯·马什（Othniel Charles Marsh）为迷惑龙命名。

迷惑龙吞下整片的树叶和其他植物，而且狼吞虎咽不加以咀嚼。为了消化食物，迷惑龙可能会吞下石块，用来磨碎植物纤维。它可能属于以松柏科植物为食的蜥脚下目。

原来如此

- 迷惑龙是草食性的，有着长长的颈部和尾巴，尾巴像鞭子一样，还长着向下凹陷的脊椎。
- 迷惑龙的牙齿为钉状，长在下颌的前端，四肢巨大，仿佛柱子一般。
- 迷惑龙属于蜥脚下目，是恐龙中智商较低的一种。

咸海龙

这种鸭嘴恐龙生活在白垩纪晚期，它的学名意思是“咸海蜥蜴”，它的鼻 子上有小型的骨状隆起物。鸭嘴龙属也可能长有隆起的鼻子，但是这部分的骨骼没有被保存下来。咸海龙的隆起不仅很高，而且两侧的距离很宽。隆起下面的鼻孔很大。咸海龙的上颌非常坚固，并且相对比较高。

基本参数

时期：白垩纪晚期
食性：草食
体重：3~4 吨
分类：鸟臀目
鸭嘴龙科

咸海龙有着很多牙齿用来咀嚼植物。它的上颌有着 30 列的小型牙齿，每一列都长着几十颗牙齿。科学家们对它的描述全部来自于一个几乎完整的头颅骨化石。

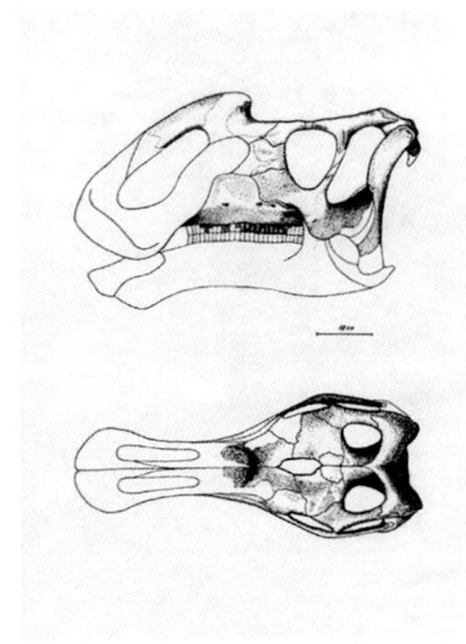

▲
咸海龙是在哈萨克斯坦发现的一些恐龙中的一种，是生活在白垩纪的大型鸭嘴龙，它的标本是一个完整的头颅骨化石。

原来如此

- 咸海龙的特征是鼻子上长有小的骨头隆起。
- 咸海龙是鸭嘴龙科恐龙的一个种。
- 咸海龙的隆起比其他鸭嘴龙科恐龙（例如它的近亲格里芬龙）的更坚固。

基本参数

时期： 白垩纪早期
食性： 草食
体重： 约 20 吨
分类： 蜥脚形亚目
侧空龙科

星牙龙

星牙龙是一种大型草食性恐龙，是腕龙的近亲，生活于白垩纪早期的美国东部，大约距今一亿一千两百万年前。成年的星牙龙身长 15.2~18.3 米，头部可达到 9.1 米高。

菲利普·泰森（Philip Tyson）于 1858 年发掘了星牙龙的化石，他当时是马里兰州的农业药剂师。他在乔治王子县的缪尔柯克附近的阿伦德尔组地层中发现了两颗星牙龙的牙齿化石，是发现恐龙化石的先驱之一。

泰森将发现的恐龙牙齿化石交给了当地的牙医克里斯多福·强森（Christopher Johnson），强森将其中的一颗牙齿的横截面剖开，发现了星星的形状。这种脖子很长的草食性恐龙是强森于 1859 年命名的。

原来如此

- 星牙龙这个名字比腕龙更常使用，因为它是首先被这样称呼的。实际上，星牙龙是长有蜥蜴臀部的巨龙形恐龙。
- 星牙龙属于大型草食性恐龙。
- 星牙龙是腕龙的近亲，生存在现在的美国东部地区。

阿特拉斯科普柯龙

阿特拉斯科普柯龙生活于白垩纪早期的澳大利亚东南部，当时，澳大利亚和南极洲之间的裂缝才刚刚开始形成。它的化石标本是在 1984 年发现于维多利亚州的恐龙湾。阿特拉斯科普柯龙的双腿修长，后爪呈蹄状，跑动的速度可以超过大多数的捕食者。它用高耸的、成脊状的诸多牙齿吞吃坚硬的蕨类以及马尾草，这些植物都是在峡谷中的森林里生长的。

基本参数

时期：白垩纪早期
食性：草食
体重：约 125 千克
分类：角足亚目
棱齿龙科

阿特拉斯科普柯龙对生态环境起着至关重要的作用，就像是现代世界中的森林羚羊或者小袋鼠一样。它上颌的牙齿和生活在美国蒙大拿州的西风龙非常相似，但是这种恐龙的牙齿更加锋利。

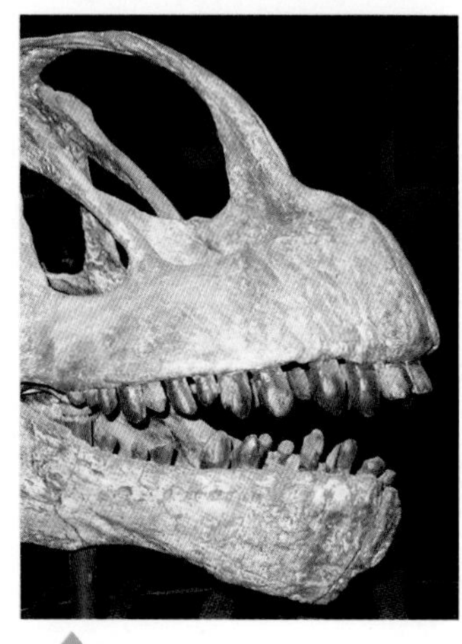

阿特拉斯科普柯龙是以为寻找化石的阿特拉斯·科普柯公司来命名的。

原来如此

- 阿特拉斯科普柯龙和西风龙一样，都属于小型恐龙。
- 阿特拉斯科普柯龙体长 2~3 米，体重和其他棱齿龙相似。
- 和其他棱齿龙相同，阿特拉斯科普柯龙是一种动作灵活的两足草食性恐龙。

基本参数

时期：白垩纪晚期
食性：肉食
体重：约 150 千克
分类：兽脚亚目
暴龙科

后弯齿龙

后弯齿龙是肉食性恐龙，它的学名意为“后侧的牙齿”。它的化石标本出土于美洲的白垩纪晚期地层，因为只有一些个别的前上颌骨牙齿，所以目前只是一个疑名。后弯齿龙的模式种已经遗失。和它相同的恐龙牙齿化石在美国的多个州、加拿大西部以及亚洲发现。

后弯齿龙，这种推测出来的暴龙科恐龙，是由著名的古生物学者约瑟夫·莱迪（他以对鸭嘴龙属的贡献而闻名）发现并且命名的。

1868 年，莱迪将这些无锯齿边缘的前上颌骨牙齿，命名为后弯齿龙。这些牙齿几乎可以肯定来自暴龙科的幼年个体，但是不能进行进一步的区分。

原来如此

- 有着锋利牙齿的后弯齿龙长而狭窄的头颅骨，长度与人类手臂差不多。
- 后弯齿龙生活在白垩纪末期，大约七千五百万至六千五百万年前。
- 这个以牙齿为依据的分类单元很长时间以来都是一个谜。

爱氏角龙

1981 年，爱氏角龙化石首次发掘于美国的蒙大拿州。它的体长约为 2.5 米，体重约为 180 千克。爱氏角龙的颈部长有一排短短的骨板，口鼻上方长有一个短角。这种恐龙使用四足行走。它们生活在白垩纪晚期，大约八千万至七千五百万年前。和其他的角龙科恐龙相同，爱氏角龙是草食性恐龙。但是，由于这类恐龙的身材矮小，因此除了确定它属于角龙之外，其他关于它的分类信息并不明朗。

基本参数

时期： 白垩纪晚期
食性： 草食
体重： 约 180 千克
分类： 鸟臀目
角龙科

爱氏角龙可能食用低矮的植物生存，大多数是表层植物。在白垩纪时期，开花植物在地理分布上并不多见，因此这种恐龙很有可能生活在主要分布着蕨类、苏铁植物以及松柏科植物的地区。

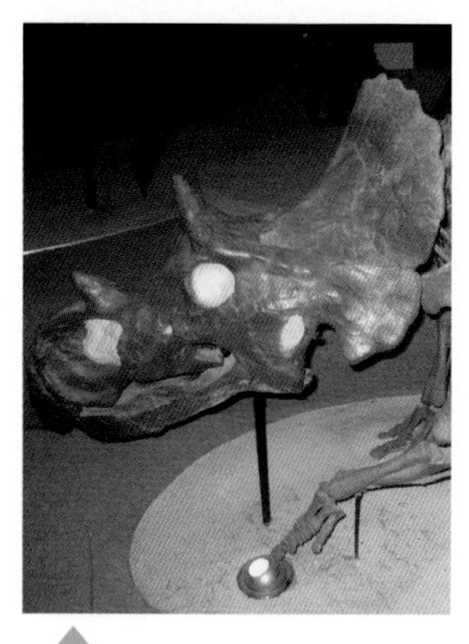

1981 年，艾迪 · 科尔（Eddie Cole）在美国蒙大拿州的朱迪斯河组首次发现了爱氏角龙的化石。1986 年，彼得 · 达德森（Peter Dodson）为它正式命名，这个名字一部分也是为了纪念科尔的妻子艾娃（Ava）。

原来如此

- 这种草食性恐龙生活在白垩纪晚期，大约八千万至七千五百万年前。爱氏角龙生活的地区是现在的美洲西北部地区。
- 爱氏角龙长有短而深的口鼻，以及厚实、有力而且低矮的下颌。
- 爱氏角龙用角龙特有的喙撕咬树叶。

基本参数

时期： 白垩纪晚期
食性： 杂食
体重： 15~25 千克
分类： 兽脚亚目
拟鸟龙科

拟鸟龙

拟鸟龙属归类于兽脚亚目偷蛋龙下目拟鸟龙科。拟鸟龙是一种小型恐龙，臀部高约 45 厘米，身长约 1.5 米。和身体相比，拟鸟龙的头颅骨较小，但是脑部以及双眼相对较大，包围并且保护脑部的骨头很大。拟鸟龙有着类似鹦鹉的喙嘴，而且没有牙齿。

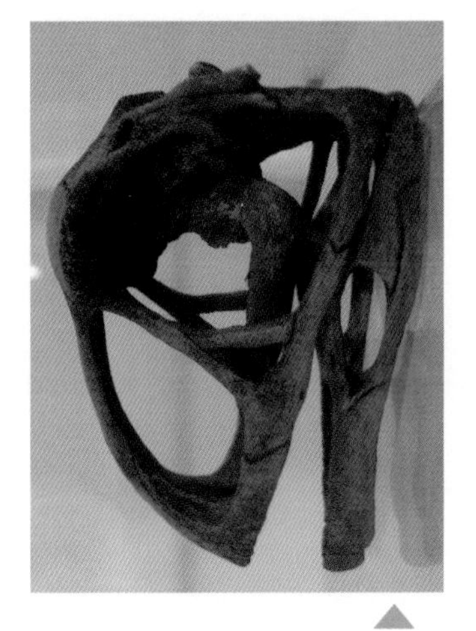

拟鸟龙的化石是由俄罗斯挖掘团队在蒙古发现的，并于 1981 年由古生物学家瑟吉·库尔扎诺夫博士（Dr. Sergi Kurzanov）命名。由于在发现化石的时候，缺乏尾巴的部分，所以库尔扎诺夫断定拟鸟龙是没有尾巴的。

拟鸟龙使用两个长而纤细的后肢行走。它是一种行动迅速并且十分灵活的恐龙，奔跑的速度可能与鸵鸟相当，时速可能高达 69 千米。拟鸟龙的前肢的尺骨上面有隆起物，一些古生物学家认为这可能是羽毛的附着点。

原来如此

- 拟鸟龙动作敏捷、身体轻盈，是一种和鸟类非常相似的兽脚类恐龙。
- 拟鸟龙是一种高等的兽脚类恐龙，是所有恐龙中智商较高的一类。
- 拟鸟龙的喙没有牙齿，因此表明它很可能是草食性或者杂食性动物。

巴克龙

巴克龙属，学名意为“棍棒蜥蜴”，生活于白垩纪晚期的东亚，距今约九千七百万至八千五百万年前。它是一种体型异常小的草食性恐龙。从巴克龙的化石来看，它们可能是群居性动物，这样可以更好地自我保护。同时，它们生活在茂盛的丛林之中，这样可以防止被捕猎的肉食性恐龙发现。这种重要的鸭嘴龙保留了很多原始动物的骨骼特征。它的分类接近于赖氏龙亚科，虽然缺少神经嵴。

基本参数

时期：白垩纪晚期
食性：草食
体重：约 2 吨
分类：鸟脚下目
鸭嘴龙超科

巴克龙同时具有鸭嘴龙亚科和赖氏龙亚科的特征，可能是禽龙类演化至鸭嘴龙类的过渡物种。

巴克龙的首个化石标本发现于中国戈壁沙漠的内蒙古高原东部组。它的化石由查尔斯·吉尔默（Charles W. Gilmore）于 1933 年描述，也正是此人命名了巴克龙。

原来如此

- 巴克龙最初被叙述成头顶没有冠状物，但是对于像它这样的赖氏龙亚科来说却有些过于原始。
- 和很多鸭嘴龙一样，它可以用两足或四足行走，但脊椎上有不寻常的大尖刺突出。

基本参数

时期: 白垩纪晚期
食性: 草食
体重: 23~29 千克
分类: 角足亚目
弱角龙科

弱角龙

弱角龙是四足方式行走的草食性恐龙。它生活在白垩纪晚期，距今约八千万年。它的化石发现于蒙古。弱角龙体型非常小，身长约 1 米，0.5 米高。与近亲原角龙相比，弱角龙有着较小的头盾、更接近三角形顶头颅骨，头盾缺乏孔洞。弱角龙与原角龙都具有喙，鼻部有小型突起物，但没有额角。

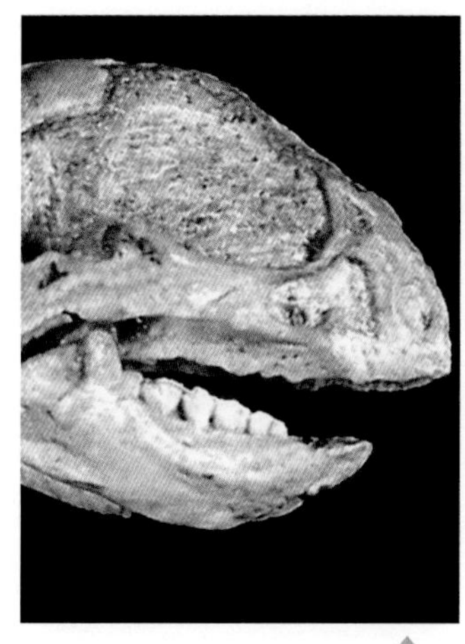

弱角龙的意思是非常小的角龙类恐龙。弱角龙的学名意为“弱小”。它的化石发现于蒙古的戈壁沙漠，发现时间是 20 世纪 70 年代早期。

弱角龙属于角龙亚目，那是一组长有鹦鹉似的喙状嘴的草食性恐龙，生活在北美洲以及亚洲地区。

原来如此

- 弱角龙的前颌长有非常锋利的喙，后面长有一排树叶形状的牙齿。
- 弱角龙的口鼻处长有一个小角，颈部长有一个小皱边。它的后肢要比前肢长。
- 弱角龙的模式种是罗氏弱角龙，是已知恐龙种类中头骨最小的品种之一。

斑比盗龙

斑比盗龙是北美洲发现的最重要的恐龙化石之一。这种类似鸟类的体型小巧的恐龙是一种动作迅猛的肉食性恐龙。它可能是恐龙到鸟类的进化过程中重要的一种生物。科学家认为，这种恐龙的身体上面覆盖了羽毛以及绒毛，就好像是幼鸟身上覆盖的那种绒毛。斑比盗龙和现代的鸟类在很多特征方面都有着相似之处。它长有一根叉骨，而现代的鸟类全部长有叉骨，因为这样才能够扇动翅膀。斑比盗龙的前肢以及双爪都非常修长。

基本参数

时期： 白垩纪晚期
食性： 肉食
体重： 约 3 千克
分类： 兽脚亚目
蜥鸟盗龙亚科

有关斑比盗龙，最为重要的一点是它类似于鸟类的身体结构。古生物学家将其称为“猛禽的罗塞塔石碑”，并且对其进行了专门的研究，用来解开古代恐龙以及现代鸟类之间的进化关系之谜。

斑比盗龙的骨骼是由 14 岁的化石探寻者维斯·林斯特（Wes Linster）于 1995 年发现的，他当时正与家人在美国蒙大拿州的冰川国家公园寻找恐龙化石。

原来如此

- 斑比盗龙属于比较凶猛的恐龙。它的四肢长着像迅猛龙一样锋利的爪子，口中长满了锋利的牙齿。
- 斑比盗龙的脑部甚至比现代的鸟类还要小。
- 斑比盗龙具有叉骨，这是一种鸟类扇动翅膀必不可少的骨头。

基本参数

时期：侏罗纪早期
食性：草食
体重：约 13 吨
分类：蜥脚形亚目
火山齿龙科

巨脚龙

巨脚龙的学名意思是“粗腿蜥蜴”，是印度语和希腊语的结合。这个名字来源于它非常粗壮的四肢。和其他大多数蜥脚形亚目恐龙不同，巨脚龙的腿部并不算厚实。它的四肢比较长而且纤细。它的头部很短，牙齿就像勺子的形状。有些科学家认为它应该独自成为一科。

巨脚龙的骨骼化石首次发现于 1960 年的印度。但是，直到 1975 年，发现的巨脚龙化石才成为模式种，简·卡迪（Jain Kutty）对它进行了首次的官方描述。

巨脚龙是已知最早的蜥脚形亚目恐龙之一，估计生活在将近两亿年前。巨脚龙是大型草食性恐龙，它身长约 14 米，体重约 13 吨，臀部高约 4.5 米。巨脚龙的灭绝时间可能在一亿五千万年前。

原来如此

- 巨脚龙并没有用于咀嚼的牙齿，而是有着胃石。它用自己的牙齿来收集树叶，然后将它们整个吞掉。
- 巨脚龙与其他蜥脚形亚目恐龙相比，最大的区别是它的四肢较长，脖子很高，尾巴相对较短。它的椎骨几乎是实心的。

重龙

重龙是一种体型庞大、颈部修长的草食性恐龙。它生活在侏罗纪时期的北美洲，大约一亿五千六百万至一亿四千五百万年前。重龙的意思是“笨重的蜥蜴”。重龙四肢爬行，动作迟缓。它的头部小巧，大脑较小，但是尾部很长，就像鞭子一样。这种梁龙科恐龙的身体有 20~27 米长。

基本参数

时期：侏罗纪晚期
食性：草食
体重：约 22 吨
分类：蜥脚形亚目
梁龙科

重龙的身体完全伸展开以后，其高度可以达到五层楼房那么高。庞大的身体对它的心脏造成很大的负荷。

重龙是美国最著名的古生物学家之一奥塞内尔·查利斯·马什 (Othniel Charles Marsh) 于 19 世纪 90 年代发现的，发现地随后成为美国北部犹他州的恐龙国家纪念公园。

原来如此

- 重龙是一种体型奇大的恐龙。如果使用后腿站立的话，这种草食性动物的身高相当于几层楼的高度。
- 重龙拥有修长的颈部和尾部，它的躯干只占整个身长的 1/5。

基本参数

时期：白垩纪早期
食性：肉食
体重：1.5~2 吨
分类：兽脚亚目
棘龙类

重爪龙

重爪龙的体长约为 8.5 米。研究骨骼的专家称，最为完整的模式种是亚成年个体，因此成年重爪龙的体型可能更大一些。重爪龙每只手掌的大拇指都长着巨大的指爪，长度约 25 厘米。它的头颅骨与颈部的连接处为锐角，而其他恐龙的接近直角。

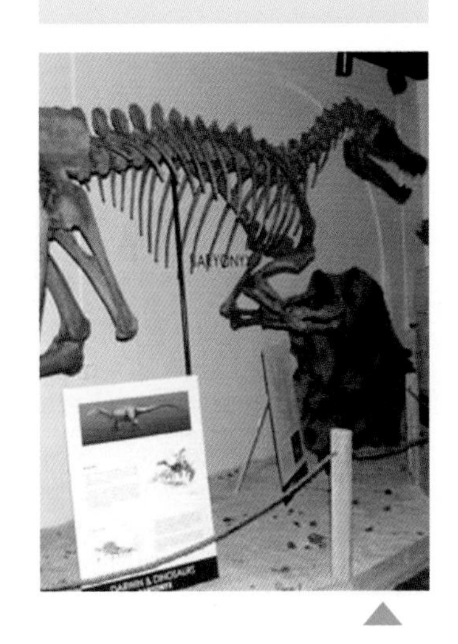

重爪龙的化石在欧洲多地被发现。1983 年，英国业余化石探寻者威廉·沃克（William Walker）在萨里多尔金附近的奥克利黏土坑边，首先发现了一个巨型的指爪化石。

重爪龙的颌骨又长又窄，就像鳄鱼的一样，有 96 颗锯齿形的小牙齿。上颌的前端下缘有一个转折段，就像鳄鱼用作阻止猎物逃脱的嘴部特征。

原来如此

- 重爪龙的颌骨和大量的锯齿形牙齿，使得科学家认为它是一种以鱼类为食的恐龙。
- 重爪龙被认为是智商最高的恐龙之一。
- 重爪龙可能隐藏在沼泽中或者河边，伸出它长长的、灵活的脖子来捕鱼。

博妮塔龙

博妮塔龙是一种草食性恐龙，它的化石发现于岩层的最上层。它生活在白垩纪末期的阿根廷，大约六千五百万年前。这种恐龙的体长约9米，头颅骨和梁龙科恐龙非常相似。博妮塔龙的颈部比较短，不过它强健而且呈拱状的脊椎骨，让博妮塔龙觅食更加容易。

基本参数

时期： 白垩纪晚期
食性： 草食
体重： 约18吨
分类： 蜥脚形亚目
纳摩盖吐龙科

博妮塔龙是为数不多的以牙齿下颌的化石为代表的泰坦巨龙类恐龙之一，可以看出它长有方形的、呈钝角的脑部，更让人印象深刻的是，它脑部的后面长有像刀刃一样的结构，用来切断植物。

博妮塔龙化石发现于阿根廷巴塔哥尼亚西北部的里奥河省。它的化石是一个亚成年体的部分骨骼。

原来如此

- 博妮塔龙拥有长长的头骨，但是没有具有标志性的鼻弓，这一点与其他大鼻龙类，例如腕龙或者阿根廷龙有所不同。
- 博妮塔龙以所有的植物为食。它方形的颌部以及锯齿般的牙齿能够咀嚼树叶甚至树皮。

基本参数

时期：侏罗纪晚期
食性：草食
体重：30~80 吨
分类：蜥脚形亚目
腕龙科

腕龙

从坦桑尼亚发现的腕龙完整骨骼化石来看，腕龙是曾经生活在陆地上的最大的动物之一。腕龙是四足草食性恐龙，有着长颈部、长尾巴，脑部相当小。不同于蜥脚形亚目其他科的恐龙，腕龙的每一根颈椎骨均有 90 厘米长，大大的鼻孔位于头顶上。作为恒温动物，腕龙需要大量地进食，用来满足身体所消耗能量的需要。

1900 年，腕龙首次发现于美国科罗拉多州西部的大河谷。古生物学家埃尔默·里格斯（Elmer S. Riggs）首次描述了它，并且于 1903 年为其命名。

腕龙是草食性恐龙，它用巨大凿状牙齿咬食树木顶端的叶子。食物会被整个吞掉而不经过咀嚼，在肠子中逐渐消化。

原来如此

- 腕龙生活在侏罗纪中期至晚期，大约一亿五千六百万至一亿四千五百万年前。
- 腕龙的头部可高举至离地面 9 米高。它颈部的解剖结构拥有 12 根脊骨，用来支撑像长颈鹿一样的颈部。
- 腕龙的头骨有隆高的冠状结构，上面有很多的小孔。

短角龙

短角龙是一种草食性恐龙，生活在白垩纪晚期，可能是独角龙属以及巨型三角龙家族的早期成员。短角龙的脖子上长有非常短的骨头皱边，和小角龙非常相似。根据古生物学家判断，它生活在大约七千五百万年前，比弱角龙生活的时期稍晚一些。

基本参数

时期： 白垩纪晚期
食性： 草食
体重： 约 91 千克
分类： 角龙下目
角龙科

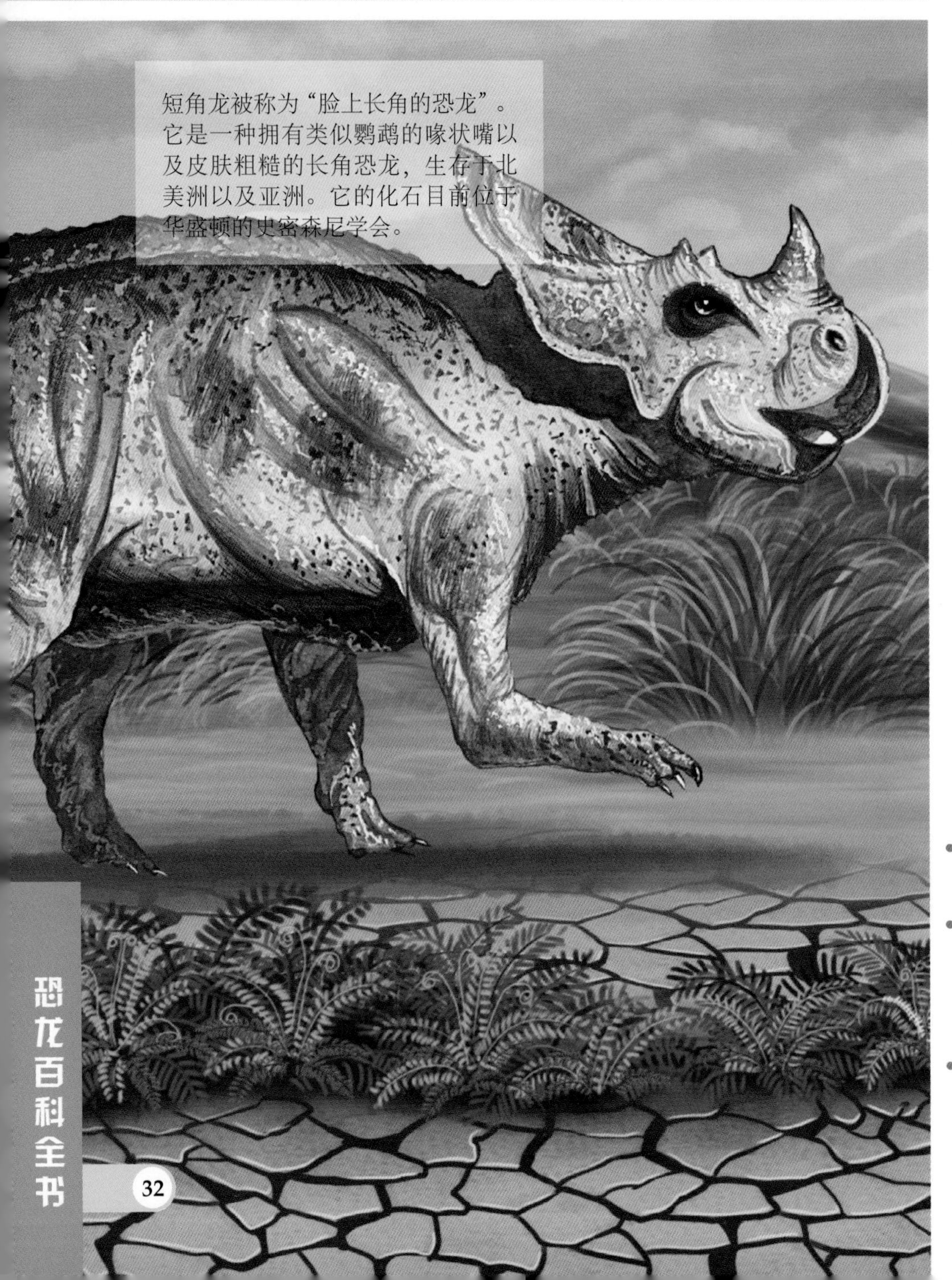

短角龙被称为“脸上长角的恐龙”。它是一种拥有类似鹦鹉的喙状嘴以及皮肤粗糙的长角恐龙，生存于北美洲以及亚洲。它的化石目前位于华盛顿的史密森尼学会。

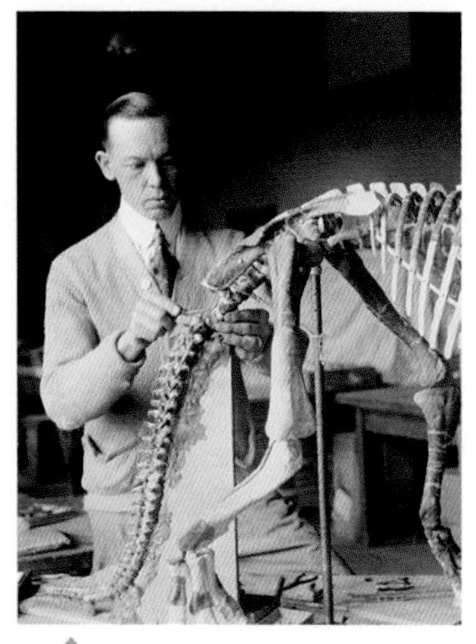

▲

短角龙的化石曾经在加拿大的阿尔伯达省和美国的蒙大拿州发现，其生存于白垩纪晚期。1913 年，查尔斯·怀特尼·吉尔摩尔（C. W. Gilmore）发现了这群混杂、关节脱落的不完整化石，来自于五个幼年个体，身长约 1.5 米。

原来如此

- 短角龙厚实的皮肤能够帮助它对抗恶劣的天气。
- 短角龙有着中空的骨头，在眼窝上面长有两个弯曲的角，鼻子上面长着一个大大的弯曲的角。
- 短角龙会使用锋利的喙状嘴将树叶和针叶咬下来。

基本参数

时期：白垩纪晚期
食性：草食
体重：约 1.3 吨
分类：鸟脚下目
鸭嘴龙科

短冠龙

短冠龙是白垩纪晚期最特殊的鸭嘴恐龙种类之一。在某些方面，它和鸭嘴龙类非常相似。它长着多功能的并且可以替换的牙齿，以及引人注目的像鸭子一般的口鼻。但是，短冠龙的头颅骨上形成了一个平板，就像是盾一般，刚好在双眼的上方，这个骨头上的平板和其他任何鸭嘴龙的都不相同。

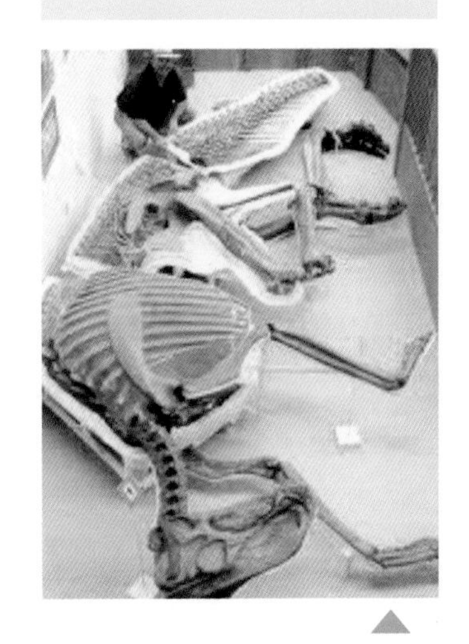

短冠龙的化石被加拿大的查尔斯·斯腾伯格 (Charles M. Sternberg) 首次发现并描述。1994 年，业余古生物学家奈特·墨菲（Nate Murphy）发现了一个完整无损的短角龙头颅骨，又于 2000 年发现了一副关节完全连接的未成年短冠龙骨骼。

原来如此

- 短冠龙使用角状的喙来拱低矮的树枝和灌木获得食物。
- 短冠龙的双颊非常特别，可以长时间将食物放在嘴中。
- 短冠龙与其他同时代的鸭嘴恐龙相比，上喙要更加大且宽厚。

短冠龙的栖息地是在北美洲的林地之中。在那里，它们依靠天然的植物生存。人们发现了年幼的短冠龙的非常干燥的残骸化石。

短颈潘龙

短颈潘龙是一种颈部非常短的叉龙科恐龙，生活于侏罗纪晚期的阿根廷。短颈潘龙的化石标本被发现时，它的关节仍然是连接着的，这些骨骼包括了八节颈部、十二节背部骨骼及三节荐骨的脊骨，另外还有后颈部肋骨的近端部分、左股骨的远端部分、左胫骨的近端部分，以及右肠骨。

基本参数

时期：侏罗纪晚期
食性：草食
体重：5~10 吨
分类：蜥脚形亚目叉龙科

短颈潘龙的骨头异常的脆弱，是中空的。这种中空的骨骼结构和现代的鸟类非常相似。它的食物来源可能会比较特殊。

短颈潘龙模式种的命名是为了纪念丹尼尔·梅萨（Daniel Mesa），他是当地的牧羊人，在寻找丢失的羊时发现了这个标本，和其他蜥脚下目恐龙一样。

原来如此

- 短颈潘龙的颈部非常短，仅仅是其他蜥脚形亚目恐龙的一半，这一点令古生物学家感到非常吃惊。
- 短颈潘龙和剑龙非常相似，但是没有骨板。
- 短颈潘龙属于大型恐龙，身长可以达到大约 10 米，身高可以达到大约 3.5 米。

矮脚角龙

基本参数

时期： 白垩纪晚期
食性： 草食
体重： 约 45 千克
分类： 角足亚目
角龙科

矮脚角龙这一类恐龙拥有类似鹦鹉的喙状嘴。矮脚角龙的喙非常锋利，如同现代的鹦鹉那样。它和原角龙属于近亲。矮脚角龙属的模式种是柯氏矮脚角龙，它们生存于白垩纪的北美洲和亚洲，以当时的优势植物为食，包括蕨类、苏铁和针叶树。我们很容易从头骨化石的样子辨认出矮脚角龙。

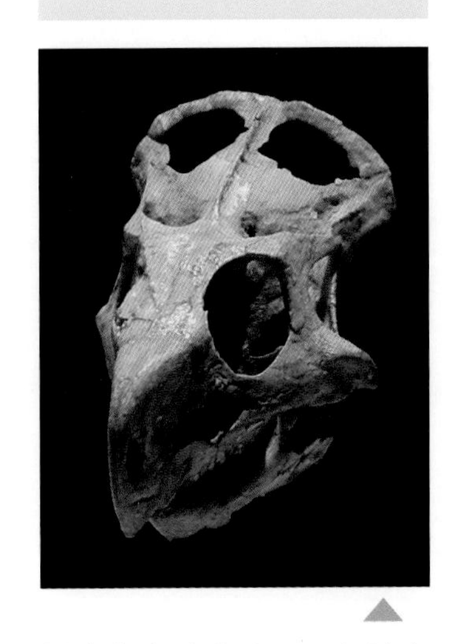

矮脚角龙首次于 1975 年被古生物学家泽扎诺夫(Zurzanof)研究并且命名，它的化石由玛丽安斯卡（Maryanska）及欧氏摩尔卡（Osmolska）于 1975 年首次描述。

矮脚角龙可能使用自己的喙咬掉树叶以及植物的芽，更有可能用喙来攻击其他动物。在角龙的上颌顶端是喙独特的骨头。

原来如此

- 矮脚角龙的身长只有大约 2 米，和现代的小马的体型大小相似。
- 矮脚角龙的口鼻上方长着一个小角，并且颈部长有一个小的皱边。
- 矮脚角龙的后肢比前肢长。

巨体龙

巨体龙生活在中生代末期，大约七千万年前。巨体龙的化石发现于印度南端卡拉梅都东北的一个村庄，已发现的骨骼化石包括臀部骨骼、部分股骨、胫骨、桡骨，及一节尾椎的椎体。

基本参数

时期： 白垩纪晚期
食性： 草食
体重： 约 220 吨
分类： 蜥脚形亚目
蜥脚下目

巨体龙的意思是“身体巨大的蜥蜴”，可能是体型最大的恐龙。作为蜥脚类恐龙，它的身体可能会达到 40~44 米，身高可能会达到 14 米。

关于巨体龙的所有推测都是基于雅达格力（Yadagiri）和艾亚瑟米（Ayyasami）于 1989 年发布的资料，他们在当时发表了对巨体龙化石的发现。巨体龙的大多数化石发现于印度南端泰米尔纳德邦的蒂鲁吉拉伯利地区。

原来如此

- 巨体龙生活在中生代末期，大约七千万年前。
- 巨体龙是草食性恐龙，拥有纤长的颈部和尾部，类似于腕龙。
- 巨体龙的身长和已发现的类似恐龙进行过比较，通常被认为是体型最大的恐龙。

基本参数

时期： 白垩纪晚期
食性： 肉食
体重： 约 11 千克
分类： 兽脚亚目
驰龙科

鹫龙

鹫龙学名意为“秃鹰猛禽”，是驰龙科恐龙的一属，生存于白垩纪晚期的南美洲。和典型的北方驰龙科恐龙相比，例如伶盗龙，鹫龙具有一些独特的身体特征。鹫龙及胁空鸟龙的骨头化石显示了恐龙有可能独立地演化成了南部驰龙科及能飞翔的鸟类。

鹫龙的骨骼化石于 2005 年由彼得·马克维奇 (Peter Makovicky) 发现。鹫龙生活在大约九千万年前的南美洲地区。

鹫龙长有纤细的鼻端，而牙齿没有可以用来撕裂肉块的锯齿。因此，鹫龙捕食到较小的动物后，不能像同科的其他恐龙那样撕咬肉类。

原来如此

- 鹫龙的双腿修长，跑动起来一定十分灵活。它很有可能长有羽毛。
- 从鹫龙的牙齿来看，它应该是捕食小型的动物。
- 鹫龙生活在白垩纪晚期，大约九千万年前。

拜伦龙

拜伦龙是一种长有羽毛的恐龙。它生活在白垩纪晚期，大约一亿六千五百五十万至四千五百五十万年前。它们看起来和始祖鸟非常相似，那是一种类似于鸟类的恐龙。目前发现了两个拜伦龙的成年化石，都是头颅骨。其中一个化石长度为 20 厘米，迄今为止比任何一个发现的始祖鸟头骨化石都要完整。和其他恐龙相比，拜伦龙更聪明。

基本参数

时期：白垩纪晚期
食性：肉食
体重：4.5~9 千克
分类：兽脚亚目
伤齿龙科

拜伦龙长有鼻腔，空气进入鼻孔后马上进入口中，这是一个和鸟类非常相似的特征。

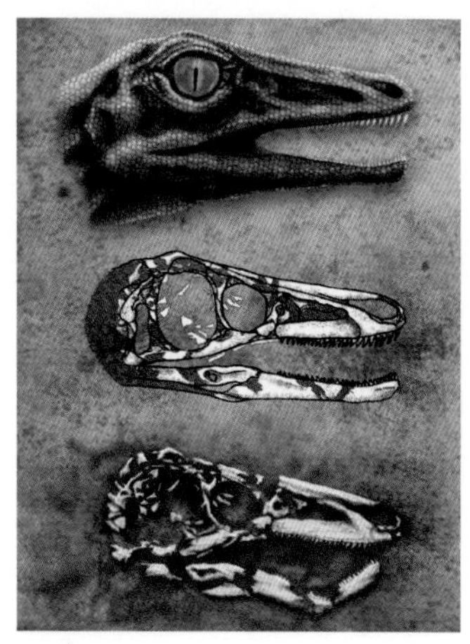

拜伦龙的名字是为了纪念拜伦·贾菲（Byron Jaffe），感谢他以及家人对蒙古科学院、美国自然历史博物馆的古生物学挖掘团队做出的支持与贡献。

原来如此

- 拜伦龙的牙齿就像针一样，适合捕捉小鸟、蜥蜴和哺乳动物。
- 拜伦龙的身长可能仅有 1.5 米，高度仅有 43 厘米。
- 拜伦龙的体型很小，但是在捕食肉类方面却很灵活。

基本参数

时期：侏罗纪晚期
食性：草食
体重：50~51 吨
分类：蜥脚形亚目
圆顶龙科

圆顶龙

圆顶龙是一种颈部和尾部都很长的草食性恐龙，它的体型巨大，身体足足有23 米长，臀部到地面的高度为 4.6 米。和其他蜥脚形亚目恐龙相比，圆顶龙的体型要小得多。圆顶龙的头部狭长小巧，口鼻较钝，牙齿呈勺子形。和其他蜥脚类恐龙相比，圆顶龙的脖子和尾巴要短得多。圆顶龙的四肢十分粗壮，脚掌上面有五个脚趾。内侧的脚趾还长着又长又尖的利爪，用作自卫。

圆顶龙最早的发现纪录是 1877 年，奥美尔·卢卡斯（Oramel W. Lucas）在美国科罗拉多州发现了一些零碎脊骨。

圆顶龙的牙齿长 19 厘米，形状就像凿子，均匀地排列在颌骨之上。它每天需要进食大量的植物。

原来如此

- 科学家认为，圆顶龙虽然四肢粗壮，但是行走缓慢。
- 圆顶龙是巨型恐龙中最为知名的种类之一。
- 圆顶龙的寿命可能在 100 年左右。

弯龙

弯龙的学名意为“弯曲的蜥蜴”。它四足站立，身体呈拱形，因此得名。弯龙生活在侏罗纪末期，大约一亿五千六百万至一亿四千五百万年前。体型庞大的弯龙是禽龙的近亲，它的体长大约5米，臀部距地面高度为1~1.2米。弯龙有长长的口鼻，上百颗牙齿，以及角状的喙。弯龙前肢短，后肢长，脚掌有四只脚趾，手掌有五只手指，脚趾和手指都长有蹄。它可以双足或者四足行走（在吃长在低处的植物的时候，会使用四足行走）。

基本参数

时期：侏罗纪晚期
食性：草食
体重：不详
分类：角足亚目 弯龙科

弯龙是群居性恐龙，用来躲避其他大型恐龙。它们通常隐藏在茂盛森林的河边，易被肉食性恐龙（例如跃龙）捕食。

弯龙的化石发掘于北美及欧洲。道格拉斯伯爵首次在美国的犹他州发现了它的化石，古生物学家奥塞内尔·查利斯·马什（Othniel C. Marsh）于1885年为它命名。

原来如此

- 弯龙嘴部的前段没有牙齿，但是在颌骨的里面长有结实的牙齿。
- 弯龙进食的时候，四足着地。
- 弯龙可能使用坚硬的、长有牙齿的喙来咬断苏铁以及其他史前植物。

基本参数

时期： 白垩纪早中期
食性： 肉食
体重： 6~7 吨
分类： 兽脚亚目
鲨齿龙科

鲨齿龙

鲨齿龙的尾部巨大，身体强壮，骨头结实。它的上肢很短，手掌长有三只手指，并且有着锋利的爪子。鲨齿龙的体长可达 13.7 米，光是头颅骨的长度就有 1.75 米。它长着硕大而有力的颌骨，以及锯齿状的锋利牙齿，牙齿长达 15 厘米。

鲨齿龙的骨骼化石是由法国古生物学家查尔斯·迪皮埃尔德（Charles Depéret）和萨维尼（J. Savornin）于 1927 年在北非地区发现的。

鲨齿龙和巨兽龙非常相近，当代研究更加倾向于将这两种恐龙列为同一种。如果将鲨齿龙的大脑和身体的重量进行比较，它属于智商比较高的恐龙。

原来如此

- 鲨齿龙是一种大型的凶猛肉食性恐龙，它可以捕食体型较大的蜥脚下目恐龙。
- 鲨齿龙用双足行走，它的后腿十分有力，因此跑动迅速。

食肉牛龙

食肉牛龙是来自南美洲阿根廷的最为特殊的恐龙之一。这种恐龙生活在白垩纪中期，大约一亿一千五百万年前。它是一种中型肉食性恐龙，并且采用两足方式行走。食肉牛龙的外表看起来有些像公牛。它的身高有 4 米，体长超过 7.5 米，体重大约为 2.5 吨。食肉牛龙的眉毛上面长着两个锋利的小角。雌性的体型通常远远小于雄性。

基本参数

时期： 白垩纪中期
食性： 肉食
体重： 约 2.5 吨
分类： 兽脚亚目
阿贝力龙科

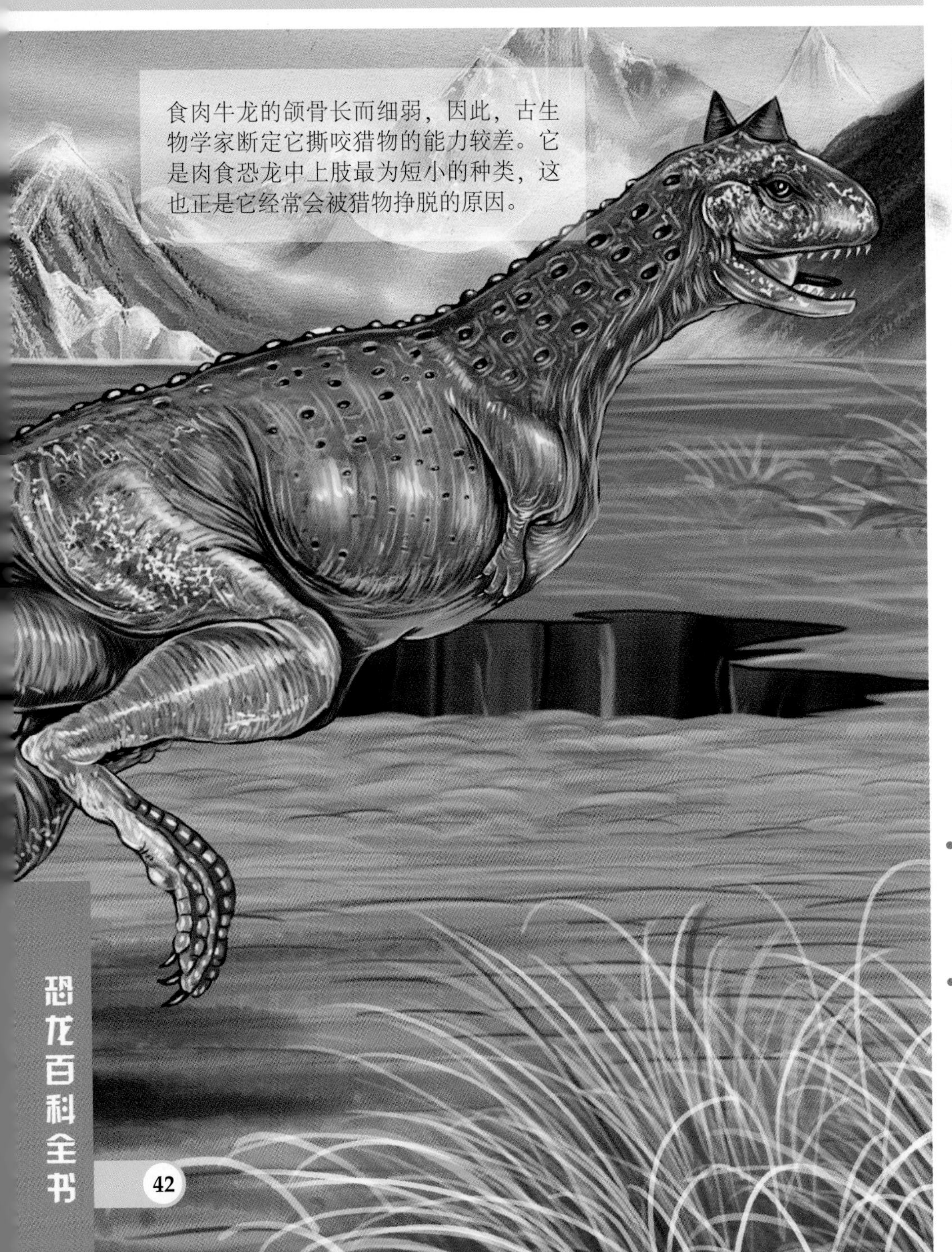

食肉牛龙的颌骨长而细弱，因此，古生物学家断定它撕咬猎物的能力较差。它是肉食恐龙中上肢最为短小的种类，这也正是它经常会被猎物挣脱的原因。

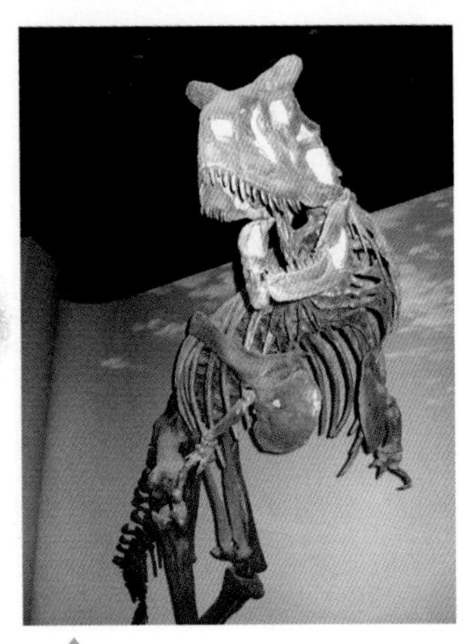

▲

食肉牛龙生活在白垩纪晚期的坎帕阶末期到马斯特里赫特阶早期的阿根廷，发现它的人是何塞·波拿巴（José Bonaparte），他还发现过很多其他南美洲恐龙化石。

原来如此

- 食肉牛龙的皮肤就像羽毛一样，上面排列着一排排皮内成骨，并且越接近脊椎骨的就越大。
- 食肉牛龙的双眼朝前，意味着它拥有双眼视觉。

尾羽龙

基本参数

时期： 白垩纪早期
食性： 草食
体重： 约 6.8 千克
分类： 兽脚亚目
尾羽龙科

尾羽龙是一种长有羽毛的小型兽脚亚目恐龙，如孔雀大小，生存于侏罗纪晚期或者白垩纪早期，大约在一亿三千六百万至一亿两千万年前。它和迅猛龙非常相似，可能是已知的鸟类最为接近的鼻祖。它是少数的非鸟类恐龙之一，使人们对羽毛有了一定的认识。最初，它的模式种被错误地定为原始祖鸟模式种。正如尾羽龙的名字，它的尾部长着羽毛，可能是用作装饰。

尾羽龙化石是于 1997 年在中国东北地区的辽宁省首次发现的。在中国辽宁省的古代河床沉积层上面，发现了两具尾羽龙的模式种化石。

尾羽龙长有羽毛，但是却不能飞翔。它的前肢短小，眼睛大大的，牙齿像钉子一样又长又尖。它的双腿纤细，动作迅速敏捷。

原来如此

- 在尾羽龙标本的胃部发现了胃石。
- 尾羽龙的头颅骨短，且呈方形，长有喙一样的口鼻，在上颌的前段长有一些尖细的牙齿。
- 尾羽龙短小的前肢上、身体的大部分以及短短的尾巴上都覆盖着羽毛。

尖角龙

尖角龙是头上长有很多角的四足行走的草食性恐龙，成群生活在白垩纪晚期，大约八千五百万年前的北美洲。尖角龙的鼻端有一个大型鼻角，指向前端，长度足足有 46 厘米。它头骨的长度超过 0.9 米，荷叶边似的头盾中间有两个钩状的角。它那大大的鼻角是最为显著的特征。关于它的头盾和角的功能常见的理论有：抵抗掠食动物的武器或者物种内打斗的工具。

基本参数

时期：白垩纪晚期
食性：草食
体重：约 2.7 吨
分类：角龙科
尖角龙亚科

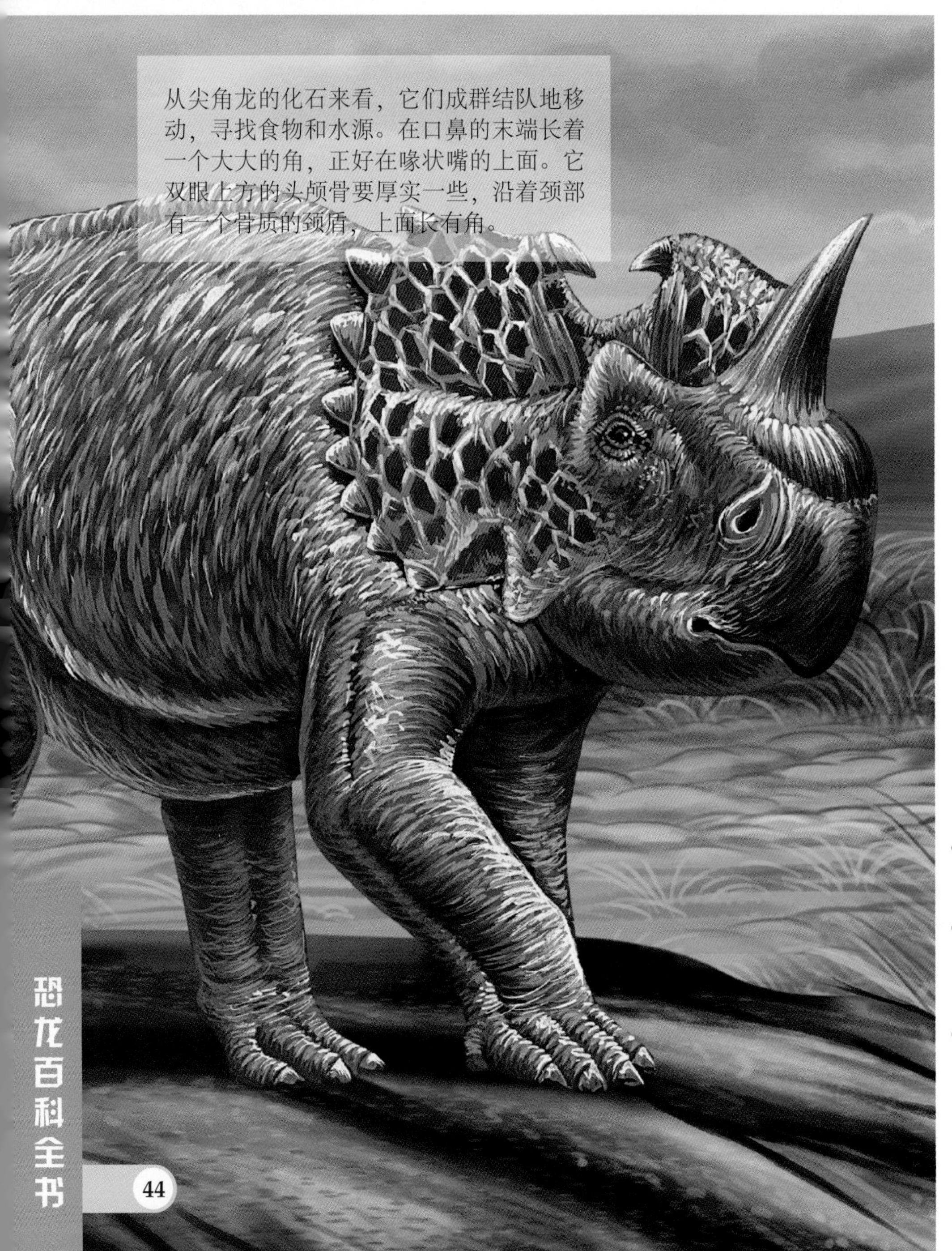

从尖角龙的化石来看，它们成群结队地移动，寻找食物和水源。在口鼻的末端长着一个大大的角，正好在喙状嘴的上面。它双眼上方的头颅骨要厚实一些，沿着颈部有一个骨质的颈盾，上面长有角。

劳伦斯·兰伯特（Lawrence Lambe）在加拿大亚伯达省的红鹿河底层首次发现了尖角龙的化石。他的发现表明，尖角龙是群居动物，会集体迁移。

原来如此

- 尖角龙的颌部结构利于撕咬坚硬的植物。
- 亚伯达省恐龙省立公园的一个尸骨层，由尖角龙、戟龙的化石所构成。
- 尖角龙的头盾太薄，无法有效抵抗掠食动物。

鲸龙

基本参数

时期：侏罗纪中晚期
食性：草食
体重：约 24.8 吨
分类：蜥脚形亚目
鲸龙科

鲸龙的意思是“海怪”，它是一种蜥脚类恐龙。这种恐龙生活在侏罗纪中期至晚期，大约一亿八千一百万至一亿六千九百万年前。鲸龙是四足恐龙（使用四足行走），体长能够达到 18 米，体重大约 24.8 吨。它的颈部与身体一样长，尾巴甚至会更长，包含最少 40 节脊骨。和其他蜥脚恐龙相比，鲸龙的前后肢长短差不多。它的股骨长度几乎可以达到 1.8 米。

鲸龙化石于 1841 年首次发现于维特岛，发现者是解剖学家和古生物学家理察·奥云（Richard Owen）。第二年，他提出了“恐龙类”这个名词。

鲸龙是一种头部小巧的草食性恐龙，它的脊椎几乎是实心的。古生物学家还认为，它们在平原上群体迁移，走动的速度为每小时 16 千米。它的股骨长度大约为 1.8 米，比其他任何恐龙都要长。

原来如此

- 鲸龙的化石在英国、摩洛哥均有所发现，包含脊椎骨、肋骨和臂骨。
- 在汤玛斯·赫胥黎（Thomas Huxley）1869 年对鲸龙的描述前，鲸龙曾经被认为是鳄鱼，后来还和禽龙混淆过。

卡戎龙

卡戎龙是体型巨大的中国赖氏龙亚科恐龙，目前已经发现了至少一根长度为135厘米的大腿骨化石，因此估计它从口鼻到尾部的身长可以达到13米或者更长，比一只较大的霸王龙还要长，至少是副栉龙体型的1.5倍。它那长而有力的前肢显示了它的力量。卡戎龙通常情况下四足行走，但是和其他赖氏龙亚科恐龙相同，有些时候，它也可以用更加有力的后肢行走或者奔跑。

基本参数

时期：白垩纪晚期
食性：草食
体重：约6吨
分类：鸟臀目
鸭嘴龙科

卡戎龙是已知体型最大的亚洲鸭嘴龙之一，它的头部一个较长的冠，可以在一定的距离警告捕食者。卡戎龙的发现同时说明，白垩纪末期仍然存活着赖氏龙亚科恐龙。

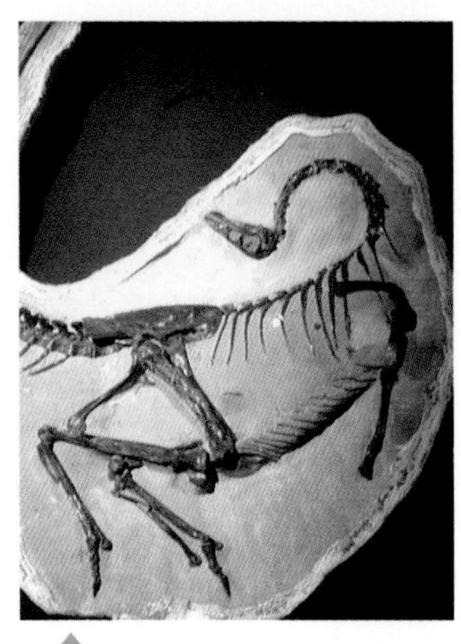

▲

卡戎龙（意为“冥府渡神蜥蜴”）是一种恐龙的名字，它们的化石是由迦得弗洛伊特、赞和金（Godefroit, Zan and Jin）于2000年在中国黑龙江南侧河床上面发现的。

原来如此

- 在卡戎龙的发掘地还发现了幼年以及成年鸭嘴龙的骨骼化石。根据大多数的颅后骨骼来看，它们代表相同的分类单元。
- 卡戎龙是亚洲鸭嘴龙的一种，和北美洲的副栉龙非常相似。

基本参数

时期：白垩纪晚期
食性：草食
体重：3~4 吨
分类：角龙下目
角龙科

开角龙

开角龙拥有颈部盾板和角，是一种草食性恐龙，生活在白垩纪末期，大约七千六百万至七千万年前。开角龙的学名 chasmosaurus 意思是“开裂的蜥蜴”，指的是它颈盾上的开口。它是一种生活在峡谷中的爬行动物，这一推断是因为它们的颈盾上有和在边境发现的峡谷非常相似的印记。开角龙是一种体型中等、长有角的恐龙，和其他角龙类恐龙有所不同，它们额头上长有两个角，而且比鼻端的角要长。

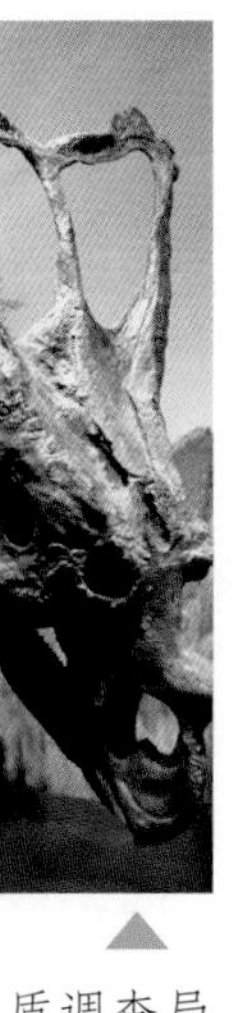

1898 年，加拿大地质调查局的劳伦斯·赖博（Lawrence M. Lambe）首次发现了开角龙的骨骼化石，这是颈盾的一部分。

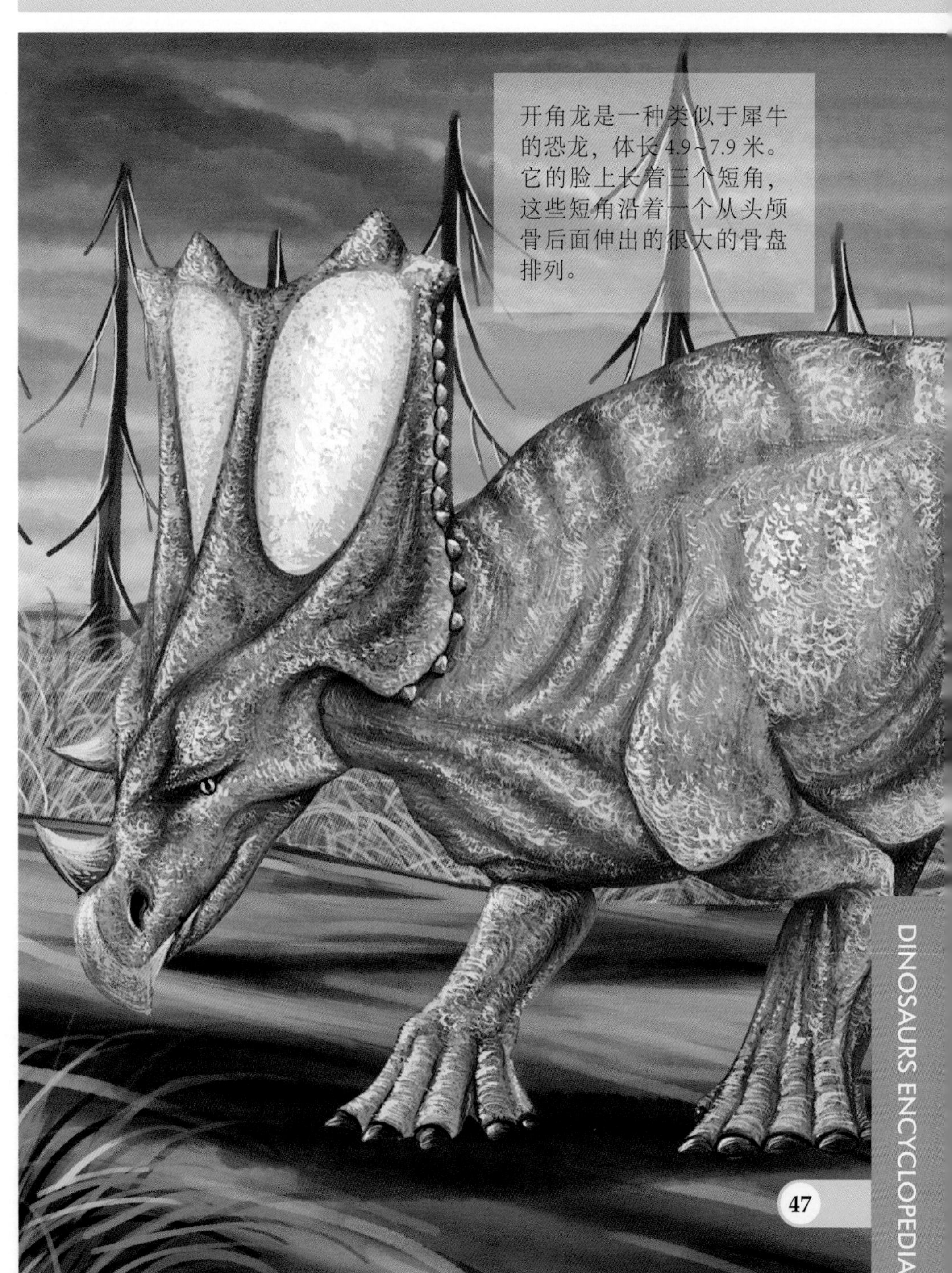

开角龙是一种类似于犀牛的恐龙，体长 4.9~7.9 米。它的脸上长着三个短角，这些短角沿着一个从头颅骨后面伸出的很大的骨盘排列。

原来如此

- 开角龙是一种草食性恐龙，可能用坚硬的喙撕咬苏铁、棕榈叶和其他史前植物。它还可以用牙齿来仔细地咀嚼食物。
- 开角龙生活在白垩纪末期至中生代末期，那是爬行动物的时代。
- 开角龙是卵孵的动物。它的大腿骨长度为 75 厘米。

纤手龙

纤手龙的个体大小类似于成年人，但是它的体重却轻于成年人的平均体重，这主要是因为它纤细的体型。它的上肢又细又长，所以才有了这样的名字，意为“纤细的手臂”。但是，千万不要被纤手龙纤细的体型迷惑，这种体重轻盈的恐龙动作非常迅猛，可以在猎物还没有察觉危险之前就将其捕获。最初它被认为是肉食恐龙，但是在某种程度上也可定为杂食恐龙。

基本参数

时期：白垩纪晚期
食性：杂食
体重：约 50 千克
分类：兽脚亚目
近颌龙科

纤手龙的食物大部分由蜥蜴和鱼类构成，也会食用其他动物的蛋。纤手龙上身直立，使用两足行走。它的口鼻很长，逐渐变窄，头上长着一个又高又圆的冠。

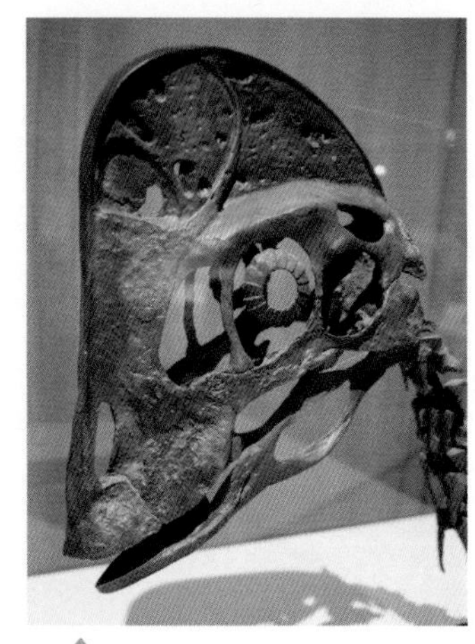

1914 年，乔治 · 福莱尔 · 斯坦伯格（George Fryer Sternberg）在加拿大恐龙公园组的最上层小沙丘附近首次发现纤手龙的化石——它的两个手掌骨骼化石。

原来如此

- 纤手龙有着三根修长纤细的手指，上有锋利的指甲。这样可以帮助它捕获小动物。
- 纤手龙的头部长有冠，好像窃蛋龙的骨头隆起。
- 纤手龙长着装饰性的羽毛，它可能是从恐龙过渡到鸟类的中间物种。

基本参数

时期： 三叠纪晚期
食性： 肉食
体重： 约 45 千克
分类： 兽脚亚目
腔骨龙科

腔骨龙

腔骨龙是一种小型、轻盈的恐龙，身长大约 2.7 米，使用两足行走。它的骨头很轻，是中空的，头部又长又尖，长着几十颗锯齿状的小牙齿，手掌有三根手指并且呈钩状，颈部很长。目前发现的腔骨龙有两个形态，一个是较纤细的，另一个是较强壮的。这两种形态可能分别代表着雌性和雄性。腔骨龙生活在三叠纪晚期，大约两亿一千万年前。因此，它是最早被人们认知的恐龙之一。

1881 年，业余化石搜集者大卫·鲍德温（David Baldwin）发现了第一个腔骨龙化石。1889 年，爱德华·科普（Edward Cope）首次将其命名为腔骨龙，当时他在与奥塞内尔·马什（Othniel Marsh）展开为物种命名的竞争。

腔骨龙生活在像沙漠那样干燥的环境中，属于稀树干草原气候。它是肉食性恐龙，也可能吃腐食。

原来如此

- 腔骨龙的学名意为“骨头中空的动物”，因为和鸟类一样，它的部分骨头是中空的，所以获得此名。
- 腔骨龙可能群居生活捕猎，从它上百具的骨骼化石层就可以推断出。
- 腔骨龙的前肢非常接近于人类的手臂，每一只上面都长有手掌，手掌上还有三个利爪般的手指。

美颌龙

美颌龙是侏罗纪时期最小的恐龙。它使用两只后腿奔跑。由于体型小巧，因此奔跑迅速、动作敏捷。这个特点让它能够躲避所有的捕食者。它跑动的最高时速可以达到每小时 25 英里。美颌龙的大小和鸡相似。包含尾部，它的身长仅有 76 厘米，高度仅为 30 厘米，体重仅有 4.5 千克。正是因为如此轻盈的体重，使得它的奔跑速度相当快。

基本参数

时期： 佚罗纪晚期
食性： 杂食
体重： 2.7～4.5 千克
分类： 兽脚亚目
美颌龙科

美颌龙的头部相当于人类手掌的大小，因此它的牙齿非常锋利，有利于咀嚼食物。这种恐龙没有羽毛，这一点对它十分重要，因为天气十分炎热，如果长有羽毛的话，很可能会因为体温过高而死掉。

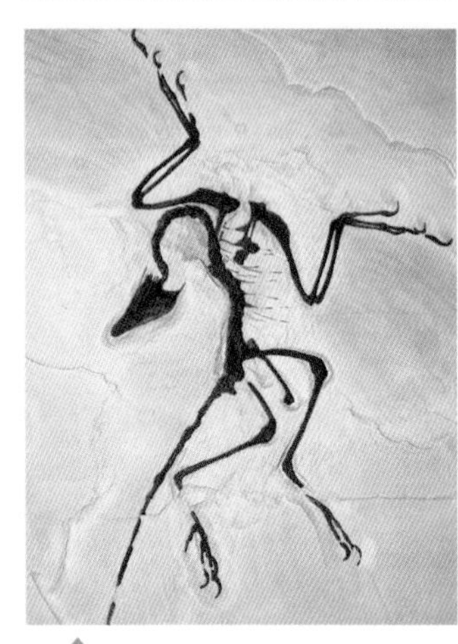

美颌龙化石的沉积层也包含很多海洋生物的化石，例如鱼类。

原来如此

- 美颌龙生活在侏罗纪末期，大约两亿零八百万年前。
- 美颌龙是一种没有羽毛的冷血恐龙。它会快速地奔跑来保持自己的体温。
- 美颌龙和鸡的大小相当，也是已知的最小恐龙之一。

基本参数

时期：白垩纪晚期
食性：草食
体重：4~5 吨
分类：鸭嘴龙科
赖氏龙亚科

冠龙

冠龙体型较大、相当聪明，是一种长着鸭子一样脸的草食性恐龙。从它的骨骼化石来看，它的身长大约 10 米，臀部到地面高度为 3 米，体重大约 5 吨。冠龙的头冠从上唇骨和鼻骨开始，这两块骨头一直延伸到头骨上方，中间形成了鼻道。鼻道折叠起来，就好像木管乐器一样，使得这种大型的恐龙可以发出声音。

从冠龙的化石可以看出，它冠的形状属于白垩纪晚期的鸭嘴龙科恐龙。它的学名意为“头盔蜥蜴”。

冠龙的冠中还隐藏了增大的大脑嗅叶，可以增强它的嗅觉。它的前肢短，尾巴又长又尖，蹄子状的脚掌有三个脚趾，手掌像是带了大大的拳击手套。它使用两足行走奔跑，速度在恐龙中属于中等。

原来如此

- 冠龙和其他鸭嘴龙具有相同的特征，例如亚冠龙、赖氏龙和扇冠大天鹅龙。
- 在寻找低矮的植物的时候，冠龙可能是四足着地。
- 冠龙以它的冠而得名，样子好像古代佩戴头盔的士兵。

恐爪龙

恐爪龙生活在白垩纪早期，大约一亿一千五百万至一亿八百万年前。这种恐龙的颈部弯曲、非常灵活，头部硕大，有力的颌部长着锋利的锯齿状牙齿。它的每个手掌都有三只掌趾，上面长着巨型的弯曲利爪。它的脚掌有四只脚趾，第二趾有镰刀状的趾爪，长度可以达到 13 厘米，而其他趾爪较短。恐爪龙长长的尾巴有一连串沿着脊椎骨生长的长骨突，使得它的尾巴更加硬挺，可以提供更好的平衡及转弯能力。

基本参数

时期： 白垩纪早期
食性： 肉食
体重： 73~79 千克
分类： 兽脚亚目
驰龙科

恐爪龙是一种肉食性恐龙，可能食用任何可以捕捉并且撕开的动物。如果成群行动，恐爪龙应该有能力猎杀所有的猎物。它的身长大约 3.4 米，高度大约 1.5 米，体重可以达到 79 千克。

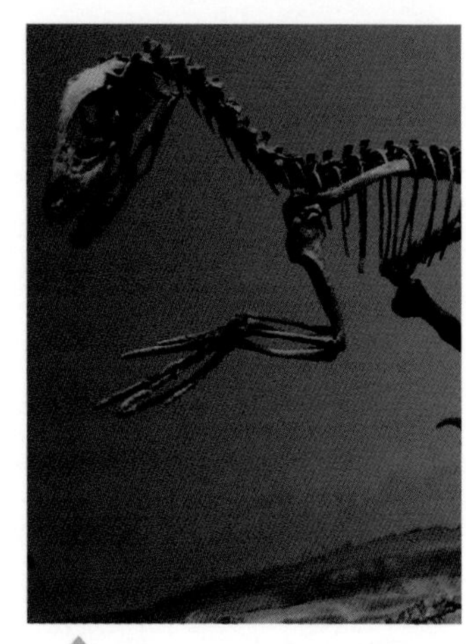

▲ 恐爪龙的化石发现于美国蒙大拿州与怀俄明州，以及俄克拉荷马州。地质学证据显示恐爪龙栖息于泛滥平原或沼泽。

原来如此

- 恐爪龙从肩部到地面的高度大约为 1.2 米。它大腿骨的长度大约为 31 厘米。
- 恐爪龙的大脑容量很大，视力非常好。因此，它一定是生活在白垩纪时期最为凶猛的动物之一。
- 恐爪龙使用两足行走，它的身体轻盈、动作灵活迅速，类似于鸟类。

基本参数

时期： 侏罗纪晚期
食性： 草食
体重： 10～20 吨
分类： 蜥脚形亚目梁龙科

梁龙

梁龙学名的含义是“双横梁”，是奥塞内尔·马什（Othniel Marsh）于 1878 年命名的。这种草食性恐龙通常以针叶树为食，这非常符合它的天然习性。它的牙齿像楔子，用来将树叶从树木上面剥离。梁龙的身长大约为 27 米，体重在 10~20 吨之间。它的脖子十分修长，可以达到 8 米左右，但是它的颈部不能高举超过距离地面 5 米。它有着长长的尾巴（长度大约有 14 米），看起来就像鞭子一样。

1978 年至 1924 年间，人们描述了一些梁龙的骨骼化石。第一副骨骼化石是由本杰明·麦基（Benjamin Mudge）和塞缪尔·温德尔·威利斯顿（Samuel Wendell Williston）于 1877 年在科罗拉多州的卡农城发现的。

梁龙最初被认为是一种拥有两个大脑的蜥脚类恐龙。但是，后来人们发现，所谓的第二个大脑只不过是扩大了的脊髓。这种在臀部发现的扩大的脊髓甚至要比梁龙较小的大脑还要大。

原来如此

- 梁龙是迄今为止发现的最大的恐龙之一。它是身体最长的陆生动物，但不是最重的动物。
- 梁龙的颈部只能在水平面上来回移动。
- 梁龙的前肢比后肢短，四肢都长着像大象一样的五个脚趾的脚掌。

埃德蒙顿龙

埃德蒙顿龙是一种大型的草食性恐龙，它长着鸭嘴状的嘴部，生活在白垩纪末期。埃德蒙顿龙的前肢较短，尾巴又长又尖，拥有三个脚趾的梯状脚掌，以及像拳击手套一样的手掌。这种恐龙的头部平坦，和一个较宽的没有牙齿的喙相连，脸颊呈袋状，上颌骨和齿骨有上百颗紧密排列的牙齿，帮助它咀嚼食物。它依靠两足行走，但是啃食低矮的植物时，也可以使用四足行走。

基本参数

时期：白垩纪晚期
食性：草食
体重：3~5 吨
分类：鸟脚下目
鸭嘴龙科

埃德蒙顿龙的动作迟缓，面对危险没有什么防御能力，但是由于在沼泽中生活的习性，因此具有比较敏锐的感觉，能够帮助它们摆脱猎食者。这种恐龙的皮肤是有鳞片的。沿着颈部、背部和尾部长有一些结节。

劳伦斯·赖博（Lawrence M.Lambe）在 1917 年的加拿大埃德蒙顿岩石层发现了这种恐龙的化石。它的化石在加拿大阿尔伯达省、美国阿拉斯加州、怀俄明州、蒙大拿州和新泽西都有所发现。

原来如此

- 埃德蒙顿龙生活在白垩纪末期，大约七千三百万至六千五百万年前，直到中生代末期灭绝。
- 在埃德蒙顿龙标本的胃部找到了针叶树树叶的化石，这证明它是一种草食性恐龙。
- 埃德蒙顿龙用坚硬的喙食用针叶植物的针叶、嫩枝和种子等。

基本参数

时期： 三叠纪晚期
食性： 肉食
体重： 约 9 千克
分类： 蜥臀目
兽脚亚目

始盗龙

始盗龙是一种身体轻盈的小型恐龙，使用两足行走。它的骨骼很轻，并且是中空的，头部很长，长着几十颗锋利的小牙，还拥有五根手指。这种恐龙是世界上最早出现的恐龙之一。它是一种生活在两亿三千万至两亿两千五百万年前的肉食性恐龙，生活在现在的阿根廷西北部地区。它的体型小巧，成年后身长仅为 1 米，体重大约可以达到 10 千克。

始盗龙生活在三叠纪末期，大约两亿两千五百万年前。它是迄今发现的最久远的恐龙之一。1991 年，古生物学家保罗·塞里诺（Paul Sereno）首次发现始盗龙的化石。

始盗龙是一种蜥臀类恐龙。它可能以食用小型动物为生。始盗龙短跑速度很快，在捕捉到猎物之后，使用双爪以及牙齿将它们撕裂。

原来如此

- 始盗龙的前肢的长度仅为后肢的一半。它同时有着肉食性及草食性的牙齿，所以可能是杂食性恐龙。
- 始盗龙用后肢奔跑。它前肢长度仅为后肢的一半，每个手掌上面都有五根手指。

树息龙

树息龙是生活在侏罗纪中期至白垩纪早期的擅攀鸟龙科恐龙。它是非鸟类恐龙中第一类明显完全或半栖息于树上的恐龙。它可能在树上度过大部分时间。树息龙所有已知的模式种都是幼体，因此很难判断它们与其他非鸟类恐龙以及鸟类之间确切的关系。这种恐龙的一个显著特征是前肢端第三指最长，是第二指的两倍长。树息龙的长手指，就像现今的指猴。

基本参数

时期：中生代中期
食性：杂食
体重：约 0.45 千克
分类：兽脚亚目
擅攀鸟龙科

树息龙的颌部形状圆而宽。下颌有至少 12 颗牙齿，前段牙齿较大，后段牙齿较小。下颌的各骨头愈合，此特征仅见于偷蛋类恐龙。它尾巴相当长，是股骨长度的 6 倍，末端有扇形羽毛。

▲

树息龙发掘于中国东北的道虎沟化石床。年代测定自侏罗纪中期（一亿五千万年前）至白垩纪早期之间。

原来如此

- 因为树息龙的模式种是幼体，因此成年树息龙的体型大小是未知的。
- 树息龙的大部分时间都是在树上度过的，因为它的前肢具有很好的抓握能力。

基本参数

时期： 白垩纪早期
食性： 草食
体重： 约 300 千克
分类： 兽脚亚目
镰刀龙超科

铸镰龙

铸镰龙是镰刀龙超科恐龙。镰刀龙超科的特征是身体表面覆盖着羽毛，有着鸟类一样的骨盆、骨头中空的长颈。直到现在，古生物学家还在探讨这种恐龙应该位于进化图谱中的哪个位置。最初，它们被认定为大型的海龟，随后的很多年，它们又被认为是长颈的蜥脚类恐龙。在最近的十几年，古生物学家逐渐了解到镰刀龙超科恐龙是由一组恐龙猛兽进化而来的。

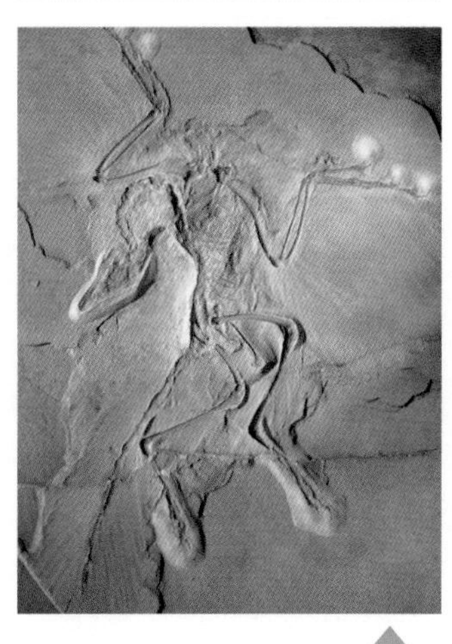

关于奇特的新模式种——犹他铸镰龙的发现，由美国犹他州地质调查局以及位于犹他大学的犹他自然历史博物馆的古生物学家刊登在了美国《自然》杂志之中。

铸镰龙的化石是在美国犹他州的雪松山组底部的大型泥岩中发现的，具体是在一个喷着冷水和二氧化碳气体的人工喷泉附近，一个名叫“水晶喷泉”的地方。

原来如此

- 铸镰龙生活在白垩纪时期，和镰刀龙超科恐龙的特征非常相似。
- 铸镰龙的名字来源于“镰刀”这个词，古生物学家用这个词来描述它笨拙的爪子。

巨兽龙

巨兽龙是一种蜥臀目恐龙。巨兽龙的学名意为“南方巨大的蜥蜴”，它的由来可能是因为巨兽龙的化石是在阿根廷南部的巴塔哥尼亚地区发现的。巨兽龙生活在九千八百万至九千六百万年前的白垩纪晚期。它是最大的陆地肉食性恐龙之一，较暴龙还要长，但体重稍轻。

基本参数

时期： 白垩纪晚期
食性： 肉食
体重： 约 8 吨
分类： 兽脚亚目
鲨齿龙科

巨兽龙使用两足行走，是行动相对敏捷的恐龙。它的尾巴又细又尖，帮助身体保持平衡，并且可以在跑动的时候快速转身。它的脑部形状就像香蕉一样。阿根廷当地的一位汽车修理工首次发现了巨兽龙的化石。

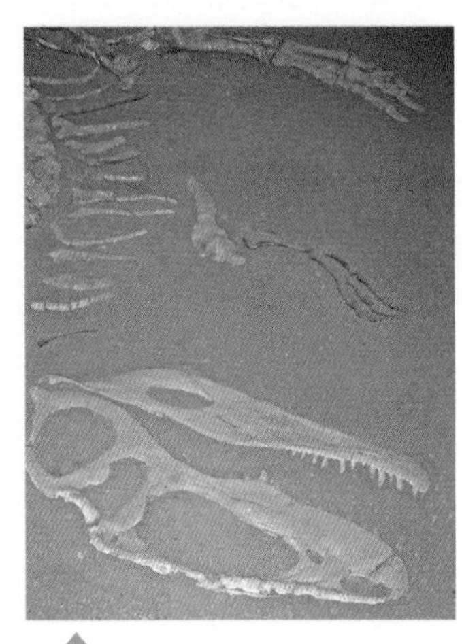

巨兽龙的化石是由鲁宾·卡洛里尼（Ruben Carolini）于1994年首次发现的，发现的地点是阿根廷的巴塔哥尼亚地区。阿根廷古生物学家鲁道夫·科里亚（Rodolfo Coria）于1994年挖掘了巨兽龙的化石。

原来如此

- 巨兽龙通常以捕食其他大型草食性恐龙为生。
- 巨兽龙模式种发现于阿根廷巴塔哥尼亚地区，通过模式种判断，巨兽龙的身长大约为 13 米。

基本参数

时期： 白垩纪晚期
食性： 未确定
体重： 约 2 吨
分类： 兽脚亚目
偷蛋龙科

巨盗龙

巨盗龙是体型巨大的偷蛋龙家族成员之一，生活在八千五百万年前的白垩纪末期。巨盗龙没有牙齿，但是长着像鸟一样的喙。巨盗龙的食物种类仍然未知，因为它具有草食性恐龙（例如较小的头部以及较长的颈部）和肉食性恐龙（例如锋利的爪子）的双重特征。它后腿的形态能够保证快速地行走。它的脚上长着大大的趾爪，这在草食性恐龙中十分罕见。

中国科学院古脊椎动物与古人类研究所的古生物学家徐星等人发现并命名了巨盗龙。巨盗龙的化石发现于中国内蒙古二连浩特的二连诺尔地层中。

和它的近亲相比较，巨盗龙的体型要大得多，甚至可以达到尾羽龙的35倍。巨盗龙的身长为8米，体重大约为2吨，和人们如今所知的长有羽毛和喙的兽脚类恐龙莽火龙相比，巨盗龙的体长几乎是它的三倍，体重也比它重得多。

原来如此

- 巨盗龙是一种不能飞却长着羽毛的恐龙。它前肢较短，但爪子极大。
- 巨盗龙个体直立的高度至少是成年人体的两倍，身长可以达到8米以上。

格里芬龙

格里芬龙是一种鸭嘴龙科恐龙，生活在白垩纪末期的北美洲。格里芬龙可以采用双足或四足方式行走，以多种植物为食。它的身长大约为 9 米，拥有又长又窄的头骨，高高拱起的鼻梁，口鼻上还有个很大的突起。在它的皮肤表面，沿着颈部、两侧和腹部排列着 0.6 厘米宽的多边形鳞片。在它的尾部长着 1.3 厘米宽的锥形鳞甲，每个之间相距 5~7.5 厘米。

基本参数

时期：白垩纪晚期
食性：草食
体重：约 2 吨
分类：鸟脚下目
鸭嘴龙科

格里芬龙与其他鸭嘴龙恐龙相比非常容易分辨，因为它有着高高隆起鼻梁，有的时候被描述成“罗马人的鼻子”。这种隆起可能是用来区分物种或者性别，以及和同类打斗的。

格里芬龙是化石探寻者莱姆（L. Lambe）于 1914 年命名的。它的模式种化石发现于加拿大艾伯塔省的恐龙公园组、美国蒙大拿州的双麦迪逊组下层以及美国犹他州的凯佩罗维兹组。

原来如此

- 格里芬龙的化石中包括了大量头颅骨、部分骨骼及皮肤痕迹，从皮肤痕迹可发现它长有向外突出的锥形鳞片。
- 格里芬龙坚硬的喙可以将树叶从树枝上面撕扯下来。
- 格里芬龙是鸭嘴龙科恐龙，可能是两足或者四足草食性恐龙。

基本参数

时期： 侏罗纪早期
食性： 草食
体重： 约4吨
分类： 鸟臀目
畸齿龙科

畸齿龙

畸齿龙学名的含义是“长有不同类型牙齿的蜥蜴”。这是一种小型草食性恐龙，身长仅为 1.2 米（和一条大型犬的个头儿相似），高度只能达到人类的膝盖。它的手掌长着五只手指，并且有爪子，脚掌长着三只脚趾并且长有趾爪。异齿龙的后肢比前肢长，尾巴又长又硬。它生活在侏罗纪早期的南非，大约两亿年前。

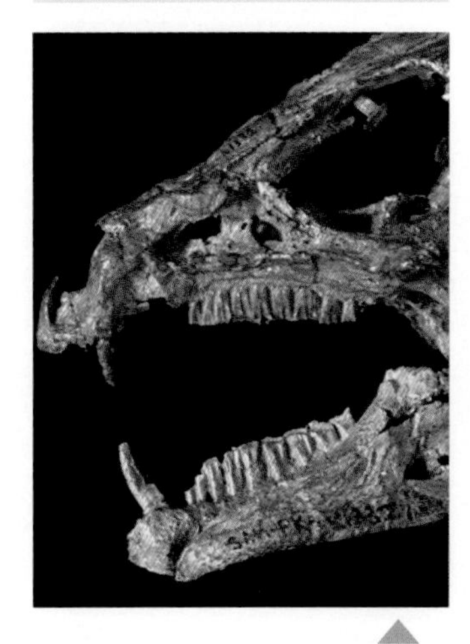

畸齿龙化石发现于南非地区。它是由艾伦·查理格（Alan J. Charig）和阿尔法德·克朗普顿（Alfred W. Crompton）于 1962 年命名的。现在被人们所认知的畸齿龙是来自南非博物馆的模式种。

畸齿龙是一种鸟脚亚目恐龙，智商在所有恐龙中属于中等。它的动作相对敏捷，多用两足行走，也可以使用四足行走，使用两足奔跑。它们会在颊囊中储存食物。

原来如此

- 畸齿龙长有三种不同形态的牙齿，这些牙齿分别用于撕咬、咀嚼和撕裂食物。
- 畸齿龙的后牙或者颊齿很长，十分锋利，可以用于咀嚼。它可能食用低矮的植物，例如蕨类。

平头龙

平头龙生活在白垩纪末期，大约八千万至七千万年前。那是中生代末期的爬虫时代。和其他恐龙相比，它的头骨要更加扁平，上面布满了凹坑和骨瘤，可能是用来装饰头部并且吸引同伴的。很长时间以来，人们都认为肿头龙类厚实的头颅骨是用来击打对手的。

基本参数

时期：白垩纪晚期
食性：草食
体重：43～45 千克
分类：厚头龙下目
厚头龙科

这种恐龙的名字来源于它们厚实的头颅骨。它们可能用头部来相互顶撞，或者用头部来撞击捕食者或者用来对抗其他威胁者。

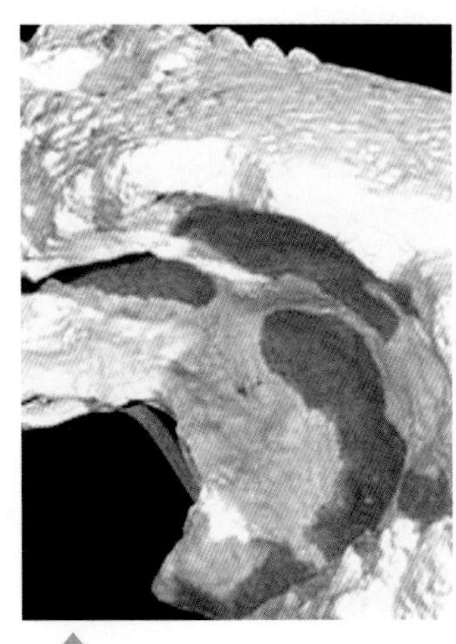

平头龙于 1901 年发现于蒙古，古生物学家玛丽安斯卡和奥斯莱莉卡（Maryánska & Osmólska）于 1974 年为它命名。

原来如此

- 平头龙扁平的头部里面是非常厚实的头颅骨和很小的大脑，它们的眼睛很大。
- 平头龙的嗅觉不错。它长着叶状牙齿和较短的前肢。
- 平头龙这种较小的恐龙的尾巴十分坚硬，可能是因为有骨节支撑的原因。

基本参数

时期：白垩纪晚期
食性：草食
体重：4~5 吨
分类：鸟臀目
鸭嘴龙科

亚冠龙

亚冠龙是一种大型草食性恐龙，它的头冠是中空的，长着鸭嘴样的喙，和冠顶鸭嘴龙非常类似。亚冠龙的身长大约为 9 米，它的颊齿将近有 40 排，并且拥有一个没有牙的短喙，从脊椎突出一排短短的隆起，沿着背部形成一根小小的神经棘。亚冠龙的鼻子向上，一直到达了冠部。

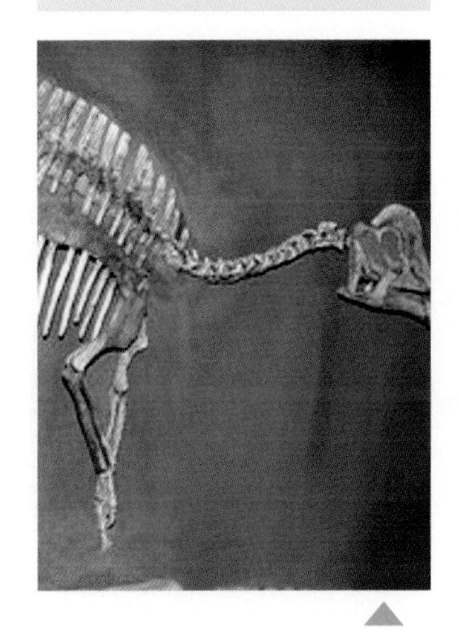

美国古生物学家、化石探寻者巴纳姆·布朗（Barnum Brown）在加拿大艾伯塔省附近的魔鬼谷首次发现了可能属于亚冠龙的巢。

和亚冠龙同时生活在白垩纪晚期（北美洲地区）的同类还包括亚伯达龙、盔龙、矮暴龙、副栉龙、包头龙、小贵族龙和厚鼻恐龙。亚冠龙智商处于恐龙家族的中等水平。

原来如此

- 亚冠龙的标志性特征是头冠、鸭嘴状喙和背部的神经棘。
- 亚冠龙可能是群居的。

禽龙

禽龙是大型草食性动物，身长约 10 米，站立时高约 3~4 米。它生活在白垩纪早期，大约一亿三千五百万至一亿两千五百万年前。它长着角状的喙，没有牙齿，但是却拥有紧密排列的颊齿。禽龙的每个手掌都有四根手指以及圆锥状的锋利拇指。如钉子般的拇指尖爪可以用来抵抗掠食动物或者获取食物。禽龙的拇指长度范围在 5~15 厘米。

基本参数

时期：白垩纪早期
食性：草食
体重：4~5 吨
分类：角足亚目
禽龙科

禽龙的智商在恐龙家族中属于中等。和禽龙同一时期的恐龙还包括重爪龙、腕龙和棱齿龙。由于在比利时发现了禽龙的化石床，因此禽龙可能是一种群居性恐龙。

吉迪恩将这一属恐龙命名为禽龙，因为他找到的化石中包含牙齿，这种牙齿和现代的鬣蜥蜴的牙齿非常相似。禽龙的化石是吉迪恩·曼特尔（Gideon Mantell）于 1825 年发现的。

原来如此

- 禽龙的前上颌骨没有牙齿，但是颌骨左右两侧长着非常结实的牙齿。
- 禽龙是第二种被发现并且命名的恐龙。
- 禽龙是草食性恐龙，它的每根拇指都有圆锥状的尖爪。

牙克煞龙

基本参数

时期： 白垩纪晚期
食性： 草食
体重： 3~4 吨
分类： 鸟脚下目
鸭嘴龙科

牙克煞龙是一种类似于盔龙的草食性鸭嘴恐龙。它有一个像头盔的大型头冠，可以用来召引自己的伙伴。雌性牙克煞龙的头冠较小，而未成年的恐龙根本没有头冠。它的身长达到9米，属于赖氏龙亚科鸭嘴龙科，是一种长着鸭嘴的恐龙。这种头部宽阔的草食性恐龙拥有表面平整的牙齿。

牙克煞龙的化石发现于中国新疆。它是由罗宾尼于1939年命名的。牙克煞龙的模式种是咸海牙克煞龙。

牙克煞龙生活在白垩纪晚期的哈萨克斯坦和中国。

原来如此

- 牙克煞龙是一种有着鸭嘴状嘴部的群居性恐龙，它的颊齿顶部是平的。
- 牙克煞龙的尾部和现代的蜥蜴非常相似。
- 牙克煞龙是一种非常聪明的恐龙。

钉状龙

钉状龙的身体巨大，身长可以达到5米。它的大脑和核桃那样大。钉状龙的头颅骨又长又窄，拥有没有牙齿的喙和较小的颊齿。它的头部距离地面很近，脚趾上面长着蹄状的爪子。钉状龙的背部嵌着两排骨板，从颈部一直延伸到身体中部。

基本参数

时期：侏罗纪晚期
食性：草食
体重：320~3500千克
分类：装甲亚目
剑龙科

钉状龙的大脑很小，但是形状却很长。它大脑部分的嗅球非常发达，那是大脑用来控制嗅觉的器官，因此它的嗅觉十分灵敏。钉状龙的体型仅仅是它的近亲剑龙的一半。

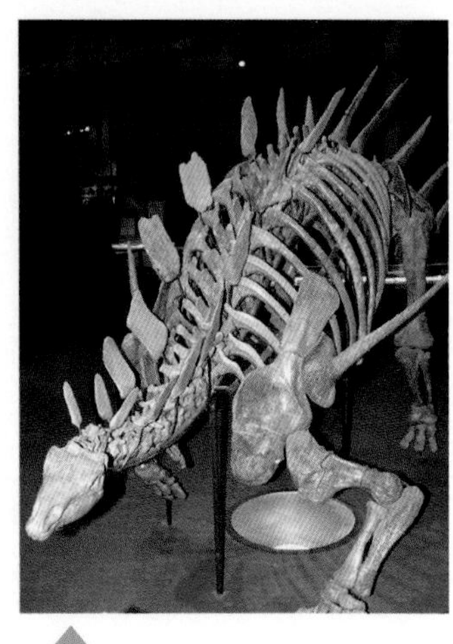

钉状龙的化石发现于非洲坦桑尼亚的敦达古鲁组。埃德温·汉尼（Edwin Hennig）于1915年为钉状龙命名。

原来如此

- 钉状龙的大腿骨很短，这表示钉状龙是一种动作缓慢、行为懒惰的恐龙。
- 钉状龙可能使用左右摇摆尾部的方式来抵抗袭击者、保护自己。
- 钉状龙的背部排列着两排锋利的尖刺，从身体中部一直延伸到尾部，很好地保护了自己。

基本参数

时期： 白垩纪晚期
食性： 草食
体重： 2.5~2.7 吨
分类： 鸟臀目
鸭嘴龙科

赖氏龙

赖氏龙长着鸭嘴状的喙，头上还有一个较大的骨质头冠，并且是中空的，这个头冠和头颅骨的其他部分一样大。它的头冠可能是用于发声的，并且可以增强嗅觉。赖氏龙的鼻子向上一直延伸到头冠。它的视觉以及听觉都非常好，但是却没有什么天然的防御能力。

1923 年，威廉·帕克斯博士（William Parks）在加拿大阿尔伯达省发现了赖氏龙化石。赖氏龙的命名是为了纪念加拿大早期的化石探寻者劳伦斯·兰伯特（Lawrence Lambe）。

赖氏龙属于群居性恐龙。主要生活在加拿大阿尔伯达省、墨西哥和北部地区。人们还在地势较高的地区发现了赖氏龙化石，这说明它们可能迁徙到那里繁衍。

原来如此

- 赖氏龙使用两足行走、奔跑，行动非常敏捷。
- 如果将大脑的容量和体型相比较，赖氏龙的智商相当高。
- 赖氏龙是一种体型巨大的鸭嘴龙，它在鸭嘴龙中也是非常重要的一属。

纤角龙

纤角龙是种原始角龙下目恐龙。它具有这种恐龙早期的一些特征。但是，它生存的时期较晚，大约在六千八百万年前，白垩纪晚期的北美洲西部。科学家认为，纤角龙是一种生存时间距今较近的原始角龙，通常使用四足行走，也可以使用两足站立、奔跑。纤角龙前肢的手指具有抓握的能力。

基本参数

时期：白垩纪晚期
食性：草食
体重：约 68 千克
分类：角足亚目
纤角龙科

在白垩纪时期，开花植物的分布区域有限。因此，这种恐龙很可能是以当时的主要植物为食，例如蕨类、苏铁和针叶。

1924年，巴纳姆·布郎(Barnum Brown) 在北美洲发现了纤角龙化石。1947 年，查尔斯·斯腾伯格 (Charles M. Sternberg) 发现了一具完整的纤角龙化石。

原来如此

- 纤角龙的体型健壮，具有硕大的头颅骨。它长着喙的鼻子上面有一个角。
- 纤角龙的头部长有一个小型皱边，并且没有角。
- 纤角龙属于角龙亚目恐龙，是草食性恐龙。

基本参数

时期: 侏罗纪晚期
食性: 草食
体重: 4.5~9 千克
分类: 鸟臀目
莱索托龙科

莱索托龙

莱索托龙是一种体型小巧的两足草食性恐龙。它的动作敏捷、跑动灵活。莱索托龙外表类似蜥蜴，身长不到 1 米，前肢相当短小，有五根手指，尾巴又细又尖，颈部非常灵活，头部小巧。前颌的牙齿非常锋利，颌骨两侧的牙齿好像剑一样，但是下颌是没有牙齿的。莱索托龙生活在三叠纪晚期至侏罗纪早期，大约两亿零八百万至两亿年前。

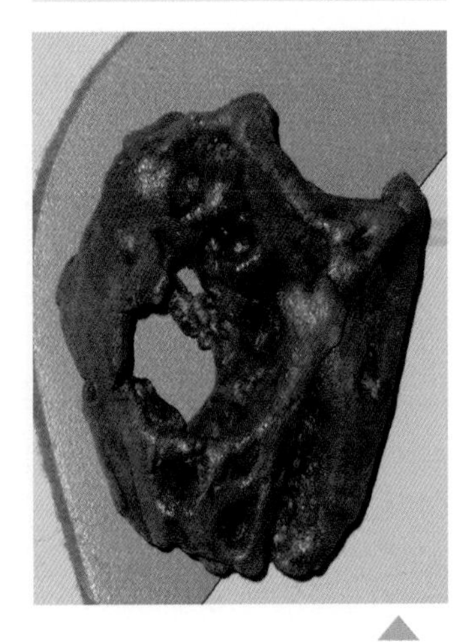

莱索托龙是由古生物学家彼得·加尔东（Peter M. Galton）在 1978 年命名的。当时只找到了一个并不完整的下颌化石，这是伦纳德·吉新伯格（Leonard Ginsburg）于 1964 年在莱索托发现的。

莱索托龙是最早的恐龙之一。它是属于鸟臀目的草食性恐龙。莱索托龙是鸟脚亚目恐龙，属于法布尔龙科。

原来如此

- 莱索托龙使用四足行走，长有四根脚趾。
- 莱索托龙的头部很短并且扁平，眼睛很大。
- 莱索托龙是鸟脚亚目恐龙，智商属于恐龙家族中的平均水平。它行走的速度很快。

慈母龙

慈母龙是一种大型草食性恐龙，拥有扁平的喙状嘴。它生活在白垩纪晚期的北美洲地区，大约八千万至六千五百万年前。发现的慈母龙化石的身边还有小慈母龙、恐龙蛋和恐龙窝，说明它当时在养育自己的孩子。慈母龙的头颅骨扁平，在双眼前长有一个小的头冠。

基本参数

时期：白垩纪晚期
食性：草食
体重：3~4 吨
分类：鸟脚下目
鸭嘴龙科

慈母龙是晚期的鸟臀目草食性恐龙，是鸟脚下目的成员之一，也属于鸭嘴龙——一种长着鸭状嘴的群居性草食性恐龙。

慈母龙是古生物学家杰克·豪恩（Jack Horns）和罗伯特·麦克来（Robert Makela）发现的。在发现了一些蛋壳和窝的化石之后，罗伯特·麦克来（Robert Makela）命名了慈母龙。

原来如此

- 慈母龙四足行走。它的前腿要比后腿短。
- 慈母龙的每个手掌上面长有四根手指，脚掌有着蹄状的趾爪。
- 一只成年慈母龙每天需要食用约 90 千克树叶、浆果和种子。

恶龙

基本参数

时期： 白垩纪晚期
食性： 肉食
体重： 约 35 千克
分类： 兽脚亚目
西北阿根廷龙科

恶龙生活在距离非洲东南海岸 800 千米的马达加斯加岛，那里也是一些非常罕见的动物的聚居地。大约七千万年前，马达加斯加岛上面居住着各种奇怪的动物，例如长着狮子鼻的陆生草食性鳄鱼，各种会飞的猛兽，体型巨大、头颅骨厚实的肉食性恐龙。

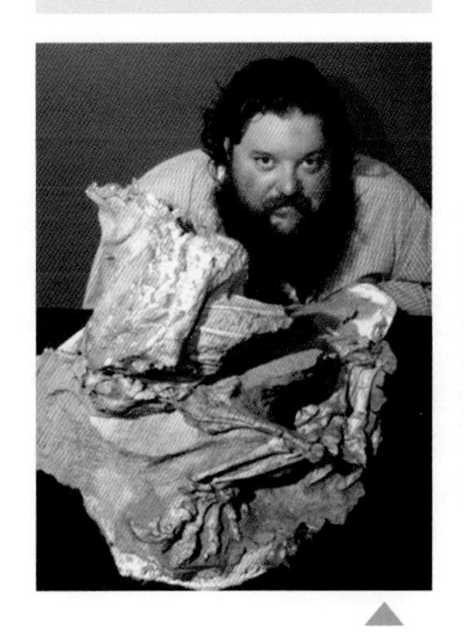

恶龙的模式种诺弗勒恶龙的名字是为了纪念吉他演奏家和歌手马克·诺弗勒（Mark Knopfler）。当考古学家们寻找并且挖掘恶龙化石的时候，他们正在收听诺弗勒的音乐。

恶龙的肩胛乌喙骨板，也就是肩部的骨头，很大且宽阔。

原来如此

- 恶龙是两足行走的恐龙，前肢要比后肢短得多。
- 恶龙的化石中包含头颅骨中两块重要的骨头，可以以此来推测出它的体型和长度。
- 恶龙的饮食结构非常特殊，包括昆虫、鱼类、蜥蜴和蛇。

小盗龙

小盗龙是一种拥有两对翼的驰龙科小型恐龙。从中国的辽宁省发掘了二十几个保存完好的化石模式种。小盗龙生活在白垩纪早期的九佛堂组（巴列姆期），一亿两千万至一亿一千万年前。这种类似于鸟类的恐龙长着长长的正羽，在上肢和尾部形成了翼一样的表面。但是让人吃惊的是，这种羽毛在后肢上面也有，因此为四翼恐龙。成年的小盗龙体长约0.8米，体重大约在1千克上下，是已知恐龙中最小的。

基本参数

时期：白垩纪早期
食性：肉食
体重：约1千克
分类：兽脚亚目
驰龙科

小盗龙的手掌有三根长着长爪的手指。有些化石模式种的头部甚至长有头冠，类似于现代的啄木鸟。根据不同的亚种，它还具有多种不同颜色，能够更好地隐藏在周围的环境中，不被猎食者发现。

小盗龙的第一个标本是将数个发现于中国的有羽毛、但彼此没有关系的恐龙化石拼凑在一起，然后走私到美国。后来中国科学院古脊椎动物与古人类研究所的徐星发现此标本是拼凑的，并将其中属于小盗龙的部分命名为赵氏小盗龙。

原来如此

- 小盗龙是会飞的恐龙。它的双臂、后腿以及很长的尾骨末端全都长有大型羽毛。
- 除了体型小巧外，小盗龙还是目前所发现的拥有羽毛和翼的首个非鸟类恐龙。

单爪龙

基本参数

时期：白垩纪晚期
食性：草食
体重：未知
分类：兽脚亚目
阿瓦拉慈龙科

单爪龙是一属生活在白垩纪晚期的蒙古的兽脚亚目恐龙，它的双腿长而瘦削。单爪龙使用两足行走，非常灵敏，奔跑起来的速度极快。它的头颅骨很小，牙齿不大但是很尖。显而易见，这种恐龙以昆虫和小型动物为食，例如蜥蜴和哺乳动物。一双大大的眼睛让它在夜间也能捕食。它是阿瓦拉慈龙科中的一员，和它的近亲相似，它长着粗壮有力的前肢，非常奇特的是，前肢上面只有一个手指，硕大的爪子长度可以达到 8 厘米。

研究发现，单爪龙属恐龙的化石在几年前就已经被美国自然史博物馆的罗伊·安德鲁斯（Roy Andrews）在蒙古国的戈壁里发现。单爪龙给科学家们提出了难题，至今还未能做出明确的分类。

单爪龙体型较小，类似于鸟类，但却拥有与众不同的前肢。它最独特的特征是，两个粗壮有力的前肢，每个上面仅有一根指爪。

原来如此

- 单爪龙化石在蒙古和中国都被发现过。它并不是类似于鸟类的恐龙，而是一种原始的不具有飞行能力的鸟类。
- 单爪龙是一种食虫动物，白天的时候，用爪子在白垩纪时期类似现代白蚁穴的地方寻找食物。
- 和很多其他兽脚类恐龙相似，单爪龙的身上很有可能覆盖着羽毛。

懒爪龙

懒爪龙是一种镰刀龙类恐龙，属于奇特的兽脚亚目恐龙。这种恐龙通常有无牙齿的喙，鸟类的臀部，脚掌的四个脚趾全部向前。懒爪龙的意思是“类似树懒的指爪”，它是在美国初次发现的镰刀龙类恐龙。之前发现的化石位于中国和蒙古。懒爪龙的进化要优于死神龙和剑龙，但是和这些亚洲的近亲相比，它的某些生理特征却更加古老。

基本参数

时期： 白垩纪晚期
食性： 草食
体重： 约 900 千克
分类： 兽脚亚目
镰刀龙超科

懒爪龙的亚洲近亲拥有类似鸟类的特征，而且化石中保存了羽毛压痕，这显示懒爪龙可能也覆盖着绒毛状羽毛。目前并没有在懒爪龙的化石上发现羽毛压痕，这可能因为它们所处环境的沉积层无法保存这些脆弱的羽毛。

懒爪龙的首块化石是在新墨西哥州发现的。当时，它的一根胯骨化石被误认为是祖尼角龙的部分头盾化石。

原来如此

- 懒爪龙是两足行走的，和它那些肉食性祖先不同，懒爪龙更习惯于直立行走。
- 懒爪龙非常特别，它拥有 10 厘米长的弯曲的趾爪，和树懒的趾爪非常相似。

基本参数

时期：侏罗纪晚期
食性：肉食
体重：约 11 千克
分类：蜥臀目
兽脚亚目

嗜鸟龙

嗜鸟龙的学名意为“偷鸟者”，是一种小型兽脚亚目恐龙，生存于侏罗纪晚期的劳亚古大陆西部。对于嗜鸟龙的了解几乎全部来自部分头颅骨化石，该化石在1900 年发现于美国怀俄明州的科莫崖附近。这种恐龙生存的时期和鸟类进化的时期非常接近。它长有腕部，可以将手掌贴近自己的身体，和鸟类收起双翼的动作非常相似。它是一种拥有蜥蜴状臀部的恐龙，中空的骨头很轻，捕猎时两足行走，动作非常敏捷。

嗜鸟龙生活在侏罗纪晚期，大约一亿五千六百万至一亿四千五百万年前。美国的古生物学家亨利·费尔费尔德·奥斯本（Henry F. Osborn）首次发现了它的化石，并且对其进行了命名。

嗜鸟龙的体型较小，可以生活在森林深处。它是一种双足行走的肉食性恐龙。嗜鸟龙的奔跑速度应该相当快。它的头部很小，很长的鼻子上面有个小的骨质头冠，牙齿多而锋利，颈部呈 S 形，尾巴又长又尖。

原来如此

- 嗜鸟龙的头部相对较小。但是，它的头颅骨格外结实。
- 嗜鸟龙以蜥蜴、小型哺乳动物以及腐肉为食，它用前肢手掌的一根短拇指和两根带爪的长指头抓握食物。
- 虽然嗜鸟龙是肉食性恐龙，但是它也可能是食腐动物。

似鸟龙

似鸟龙是一种类似于鸵鸟的恐龙，拥有一个没有牙齿的角质喙，头部很小，眼睛很大，大脑相对较大，颈部、尾部和腿部都很长，骨头是中空的。这种恐龙身长4.6～6米，身高大约为2.7米。它的颈部和尾部占了身长的大约一半。似鸟龙的前肢很短，每个手掌有三个带有爪子的手指，后肢很长，每个脚掌有三个带有爪子的脚趾。长长的尾巴可以保持身体的平衡，并且在快速跑动中起到稳定身体的作用。

基本参数

时期： 白垩纪晚期
食性： 杂食
体重： 约136千克
分类： 兽脚亚目
似鸟龙超科

似鸟龙生活在白垩纪晚期，大约七千六百万至六千五百万年前。它属于杂食类恐龙，食用植物和动物，种类包括昆虫、小型猛兽、哺乳动物、其他动物的卵、植物果实和树叶。

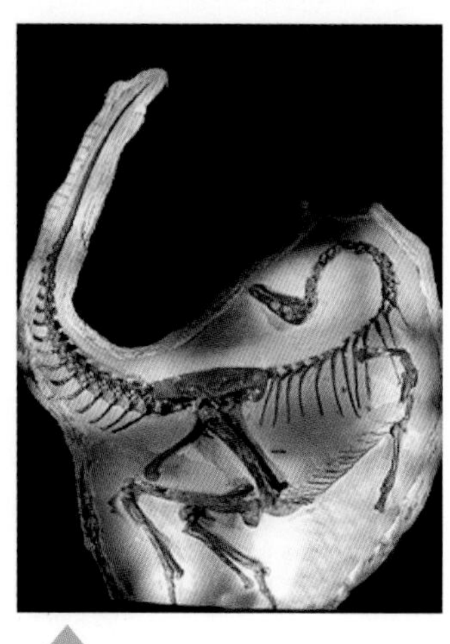

似鸟龙的分类过程非常复杂。它的模式种急速似鸟龙，是由马驰（O.C. Marsh）于1890年首次命名的，依据的是在美国科罗拉多发现的前肢和后肢的化石。

原来如此

- 似鸟龙使用一对长而纤细的后腿行走。它奔跑的速度很快，可以达到每小时69千米。
- 似鸟龙是灭绝于中生代末期白垩纪第三纪生物大灭绝时期的恐龙之一。

基本参数

时期： 白垩纪晚期
食性： 草食
体重： 22～32 千克
分类： 角足亚目
棱齿龙科

掘奔龙

掘奔龙的学名意为“挖掘的奔跑者”，是一种穴居生活的草食性鸟脚亚目恐龙，生活在白垩纪中期，大约九千五百万年前。这种成年恐龙的身长可以达到 2.1 米，体重 22 ~ 32 千克，幼年的恐龙身长大约 1.3 米。由于同时发现成年与幼年的化石，科学家认为掘奔龙可能具有亲代养育现象，或是成年掘奔龙会挖掘洞穴以养育幼年个体。幼年掘奔龙的体型显示它们有长时期的亲代养育阶段。

2004 年，祥宏桂（Yoshihiro Katsura）发现了三个掘奔龙的部分骨骼化石，包括一具成年掘奔龙和两具幼年掘奔龙，发现地点是美国蒙大拿州西南部的一个古代洞穴。

掘奔龙的喙十分结实，并且在前面变宽，可能为了适应松土和铲土。与其他棱齿龙科相比，它的肩胛骨非常健壮，这样能够为有力的前肢提供支撑，因为前肢需要用于挖掘。

原来如此

- 古生物学家指出，掘奔龙使用很短的上肢以及鼻子进行挖掘。
- 和很多其他鸟脚亚目恐龙不同，掘奔龙尾部没有用来支撑的骨化肌腱。
- 掘奔龙非常擅长挖掘出舒适的小家。

偷蛋龙

偷蛋龙是一种小型的、类似于鸟类的杂食性恐龙。它的身长为 1.8~2.5 米，体重大约有 36 千克。它的体态轻盈、动作敏捷，使用两足行走，腿部纤细如同鸟类。这种恐龙长着 S 形的脖子，能够弯曲并且十分灵活。它的尾巴很长，上肢短而有力，手掌有三根手指并且长有弯曲的爪子，有三根脚趾。它大大手掌上面的爪子大约有 8 厘米长，手指很长易于抓握。

基本参数

时期： 白垩纪晚期
食性： 杂食
体重： 约 36 千克
分类： 兽脚亚目
偷蛋龙科

偷蛋龙可能是杂食性恐龙，这种食性在恐龙中并不多见。它的食物可能包括肉类、蛋类、昆虫、植物及其种子等，使用喙和有力的颌部进食。偷蛋龙生活在白垩纪晚期，大约八千八百万至七千万年前。

偷蛋龙的化石首次发现于 1924 年蒙古的戈壁沙漠。根据这次发现，古生物学家亨利·费尔费尔德·奥斯本（Henry F. Osborn）描述了这种恐龙。

原来如此

- 偷蛋龙没有牙齿，但是有喙，并且喙部是两个骨质尖角，这在其他恐龙中是没有的。
- 发掘的第一具偷蛋龙化石头颅骨已经被压碎，但是它的身边还有一窝恐龙蛋和一具原角龙化石。
- 偷蛋龙还有个特征——前额长有很薄的骨冠。

基本参数

时期：白垩纪晚期
食性：草食
体重：约 2 吨
分类：角龙下目
角龙科

厚鼻龙

厚鼻龙是一种体型巨大的草食性恐龙，拥有骨头颈盾，很短的四足，以及很短的尾巴。它可能长有鼻角——因为它的鼻子上面的确有个很大的骨头突起。这种草食性恐龙体长 5.5~7 米，颈盾的中间有很多小角。厚鼻龙生活在白垩纪晚期，大约七千二百万至六千八百万年前。和很多其他角龙类恐龙一样，它属于群居性恐龙。

古生物学家和化石收藏家查尔斯·莫坦·斯腾伯格（Charles Mortram Sternberg）在 1950 年对厚鼻龙的模式种加拿大厚鼻龙进行了描述。它的化石在加拿大阿尔伯达省及美国阿拉斯加州都有发现。

厚鼻龙属于角龙科恐龙，智商在恐龙家族中属于中等水平。这种恐龙可能用自己坚硬并且有牙的喙食用苏铁、棕榈和其他史前植物。它还可以用自己的颊齿充分地咀嚼食物。

原来如此

- 厚鼻龙的头颅骨长有很多扁平的圆形突出，但这并不是角。
- 在受到掠食者的惊吓后，厚鼻龙会像现代的犀牛一样冲向敌人。
- 厚鼻龙的颊齿非常锋利，可以帮助它咀嚼坚硬的高纤维植物。

胄甲龙

胄甲龙是所有装甲亚目恐龙中最为知名的一属，因为它的化石非常完整，包含一个几乎没有损坏的头颅骨。这具头颅骨非常完整，因此科学家通常用它来推测其他未发现完整头颅骨化石的装甲龙的头部形状。从它的头颅骨来看，它长有颊囊，可以用来储藏食物，以便缓慢地不断地咀嚼食物。胄甲龙体型巨大，从沉重的骨甲中伸出许多脊突和角。

基本参数

时期：白垩纪晚期
食性：草食
体重：约 3.5 吨
分类：装甲亚目
结节龙科

胄甲龙包裹在沉重的骨甲之中，和其他结节龙科恐龙相比，也是骨甲非常厚实的一属。它的背部以及尾部都覆盖着骨板。但是和其他甲龙不同，胄甲龙的尾巴没有骨槌。它的肩部往前延伸出多个尖刺。

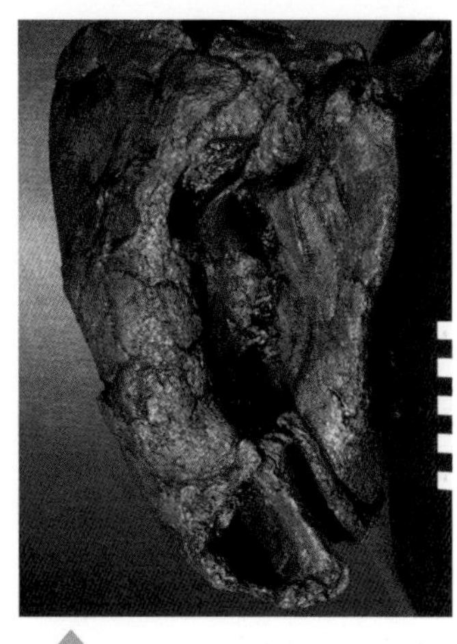

胄甲龙是加拿大地质学家和古生物学家劳伦斯·赖博（Lawrence Lambe）于 1917 年在加拿大阿尔伯达省首次发现的。首块化石发现于朱迪斯河组地层。在美国蒙大拿以及加拿大阿尔伯达都曾经发现过胄甲龙的化石。

原来如此

- 胄甲龙化石只在白垩纪晚期沉积层中发现过，白垩纪晚期大约为七千五百万年前，发现地点为加拿大阿尔伯达省恐龙公园。
- 胄甲龙的全身几乎布满了骨板。它肩部的短刺能够保护自己防止敌人的攻击。

基本参数

时期： 白垩纪晚期
食性： 草食
体重： 75~80 吨
分类： 蜥臀目
蜥脚形亚目

潮汐龙

潮汐龙是一种体型巨大的泰坦巨龙类蜥脚下目恐龙。它的化石发现于埃及的拜哈里耶组，该地层属于白垩纪晚期的海岸沉积层。这些化石是从 1935 年以来，在埃及拜哈里耶组地层中首度发现的四足总纲动物。潮汐龙的肱骨长达 1.69 米，比任何已知白垩纪的蜥脚类恐龙都长。当地的尸体被保存于由潮汐带来的沉积层，这些沉积层包含了红树林植被的化石。

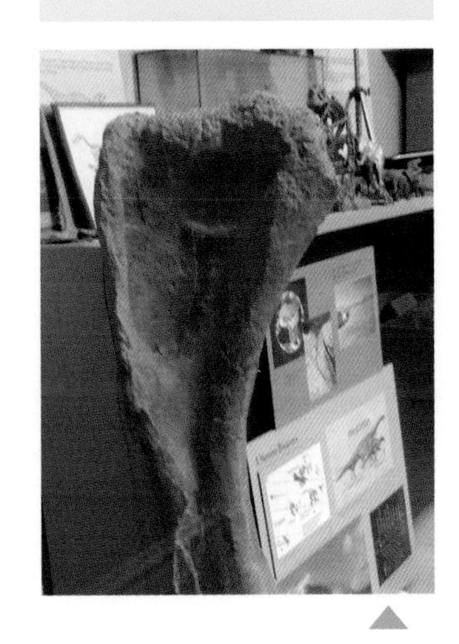

约书亚·史密斯（Joshua B. Smith）、马太·拉玛纳（Mathew C. Lamanna）、肯尼斯·洛克维亚（Kenneth J. Lacovara）以及他们的队员共同发现了潮汐龙的化石并为它命名。

潮汐龙是目前所发现的最巨大的恐龙之一，体重估计有 38 吨。如同其他泰坦巨龙类，潮汐龙拥有庞大的身躯，身上可能拥有防御用的皮内成骨。潮汐龙是第一种被证实存活在红树林生态环境的恐龙。

原来如此

- 潮汐龙是蜥脚形亚目这个庞大家族中较晚出现的成员，它们生活在侏罗纪和白垩纪时期。
- 潮汐龙的典型特征是庞大的体型、长长的颈部以及尾部。
- 潮汐龙是第一种被证实存活在红树林生态环境的恐龙。

副栉龙

副栉龙是一种鸭嘴龙科恐龙，生活在白垩纪晚期，大约七千六百万至七千三百万年前的北美洲。其特征为头部有奇特的冠饰，冠饰为中空。它可以两足或四足方式行走，前肢较短。成年副栉龙的体长约为 12 米，臀部距离地面高 2.5 米。

基本参数

时期： 白垩纪晚期
食性： 草食
体重： 约 2 吨
分类： 鸟臀目
鸭嘴龙科

副栉龙的头部长有一个较长的骨头冠饰，长度为 1.8 米，可以发出好像号角那样低频的声音。

副栉龙首次发现于加拿大阿尔伯达省。随后，美国新墨西哥州陆续发现了更多的副栉龙化石。1992 年，威廉·帕克斯（William Parks）根据在阿尔伯达省发现的一个头颅骨与部分骨骼对副栉龙首次进行了描述。

原来如此

- 副栉龙的皮肤上有瘤状鳞片，长着勺子形状的喙，以及尖尖的尾巴。
- 副栉龙是草食性恐龙，主要食用松针、树叶和嫩枝。
- 副栉龙的视力和听力都很敏锐。它的角质喙中没有牙齿，但是长有很多颗颊齿。

基本参数

时期：白垩纪晚期
食性：草食
体重：约 68 千克
分类：角足亚目
棱齿龙科

帕克氏龙

帕克氏龙是生活在白垩纪时期的恐龙。关于这种恐龙，人类已知的并不多。至今只有 1913 年发现的帕克氏龙的部分头颅骨，1937 年认定其为新的属别。从帕克氏龙的头颅骨来看，它应当是一种小型、行动敏捷、使用后肢行走的食草性恐龙。帕克氏龙的学名意为“威廉·帕克斯蜥蜴”。它是一种鸟脚下目棱齿龙科恐龙。

帕克氏龙的骨骼发现于北美洲。古生物学家和化石收藏家查尔斯·斯腾伯格 (Charles Sternberg) 为了纪念 20 世纪早期的皇家安大略博物馆首席古生物学家威廉·帕克斯 (William Parks) 而为其命名。

帕克氏龙是一种体型较小的草食性恐龙，使用双足行走。它生活在白垩纪末期的北美洲，大约七千万年前，是少数几例被描述的非鸭嘴龙科鸟脚亚目恐龙之一。

原来如此

- 帕克氏龙使用前肢将身边的水果或者树枝送入口中。
- 和身体相比较，帕克氏龙的头部稍长。它的牙齿并不锋利，像木栓一样，有着很多圆形的突起。
- 帕克氏龙很可能用牙齿咀嚼新鲜的水果和较厚的树叶。

五角龙

五角龙的外表看起来和犀牛非常相似。它使用四足行走，腿部很有力量，脸上长有三个角，头颅骨的后面还延伸出一个很大的骨板。它的两个颧骨是拉长了的，看起来也像角一样。五角龙的头颅骨很大，长度可达3米，上面还有一个很大的扇形骨板皱边。五角龙的身长可达8.5米，高度大约为3米。它拥有鹦鹉一样的喙。

基本参数

时期： 白垩纪晚期
食性： 草食
体重： 约8吨
分类： 角龙下目
角龙科

五角龙生活在大约七千五百万至七千三百万年前。它的尾部短而尖，身体庞大，长着柱子一样的四肢以及蹄子一样的爪子。

▲五角龙的化石发现于美国新墨西哥州，并由美国古生物学家亨利·费尔费尔德·奥斯本（Henry Fairfield Osborn）于1923年为其命名。迄今一共发现了9具头颅骨以及一些骨骼化石。

原来如此

- 五角龙可能使用坚硬但是没有牙齿的喙来食用苏铁、棕榈以及其他史前植物。
- 因为五角龙长有盾板以及角，可以用来保护自己，因此少有敌人。
- 五角龙的学名意为“有五个角的面孔”。

原始祖鸟

基本参数

时期： 白垩纪早期
食性： 草食或杂食
体重： 约 4.5 千克
分类： 兽脚亚目
偷蛋龙下目

原始祖鸟是火鸡大小的有羽毛恐龙，发现于中国。它生活在白垩纪早期，大约一亿两千四百六十万年前。原始祖鸟比始祖鸟这种已知的最早的鸟类更为原始。它的身长大约为 1 米，可能要比始祖鸟的个头儿大。

原始祖鸟化石发现于中国辽宁省（中国东北地区）的古代河床沉积层中。

原始祖鸟的后肢修长，跑动起来非常敏捷。它的尾巴粗短，覆盖羽毛，手部修长，上有三个锋利的指爪。

原来如此

- 原始祖鸟并不会飞，而是用修长的后肢跑动。
- 原始祖鸟发现于 1996 年，是能够有力证明一些恐龙长有羽毛的首具恐龙化石。
- 原始祖鸟的骨头是中空的，具有叉骨，和鸟类相似。

鹦鹉嘴龙

鹦鹉嘴龙是一种非常原始的小型角龙。这种动作敏捷的草食性恐龙长有狭窄的角质喙，里面没有牙齿，嘴部后面长着颊齿。它的头颅骨高而短，颧骨处有很短的像角一样的突起，前肢有四根修长的手指。它的前肢比后肢短很多。鹦鹉嘴龙的体长从 0.8 米至 2 米不等，高度大约为 1.2 米。

基本参数

时期： 白垩纪早期
食性： 草食
体重： 22~79 千克
分类： 角足亚目
鹦鹉嘴龙科

鹦鹉嘴龙生活在白垩纪早期，大约一亿一千九百万至九千七百五十万年前。它可以两足或者四足行走。鹦鹉嘴龙的前肢要比后肢短很多。它的跑动速度相当快。

鹦鹉嘴龙的化石发现于蒙古、中国和泰国。它是由美国古生物学家亨利·费尔费尔德·奥斯本（Henry F. Osborn）于 1923 年命名的。

原来如此

- 鹦鹉嘴龙是角龙下目恐龙中体型最小、最为原始的成员之一。
- 鹦鹉嘴龙可能是群居性恐龙，和其他一些角龙一样。
- 鹦鹉嘴龙的头部很小，没有颈盾或角。

基本参数

时期： 白垩纪晚期
食性： 草食
体重： 未知
分类： 蜥脚形亚目
纳摩盖吐龙科

非凡龙

非凡龙是一种颈部很长、尾部像鞭子一样的草食性恐龙，它的听觉非常敏锐。非凡龙的头颅骨很长，拥有一个宽阔的鼻子和很大的耳洞。它的牙齿像猪的一样，非常适合食用较软的食物，有可能是水生植物。它们可能为群居，在当地的食物消耗殆尽以后，就会集体迁徙到其他地方。非凡龙生活在白垩纪晚期，大约八千五百万至八千万年前。

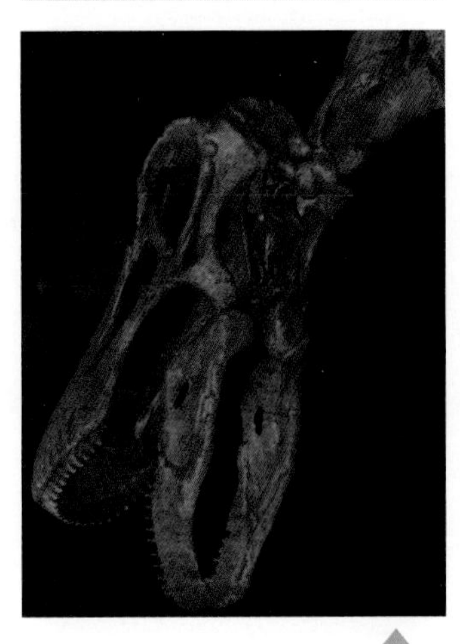

非凡龙的化石发现于蒙古戈壁沙漠的东南部。柯扎诺夫（Kurzanov）以及班尼科夫（Bannikov）于 1983 年为其命名。

因为只找到了非凡龙的部分头颅骨化石，这种恐龙究竟有多大以及它的确切模样至今还都无从得知。

原来如此

- 非凡龙意为“奇特的或者非凡的蜥蜴”。
- 非凡龙食用针叶、银杏、蕨类、苏铁、石松和杉叶藻。
- 非凡龙的四肢像圆柱一样。

瑞拖斯龙

瑞拖斯龙是一种蜥脚下目恐龙，生活在侏罗纪中叶，约一亿八千一百万至一亿七千五百万年前的澳大利亚。它使用粗壮的四足行走。瑞拖斯龙的尾部和颈部都很长。它的头部很小，身体巨大。这种恐龙和其他蜥脚类恐龙非常相似，例如中国的蜀龙。瑞拖斯龙的身长大约为 12 米。它的四肢像大象一样非常有力，因为这样才能支撑自己笨重的身体。

基本参数

时期：侏罗纪中期
食性：草食
体重：约 12 吨
分类：蜥脚形亚目
蜥脚下目

瑞拖斯龙是世界上最原始的蜥脚类恐龙之一，由郝伯 · 郎曼（Heber Longman）于 1924 年发现。它的部分骨骼化石在澳大利亚昆士兰州中部罗马街达勒姆唐斯车站被发掘。

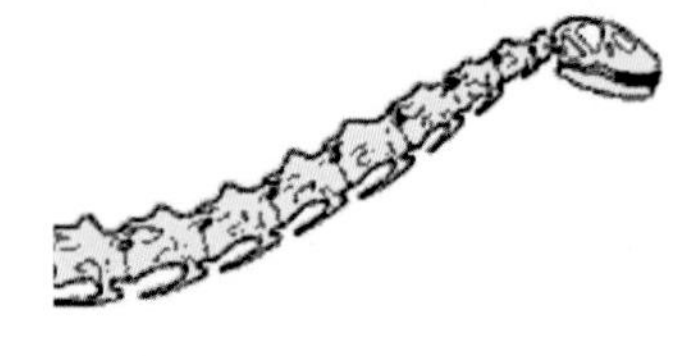

▲
瑞拖斯龙的化石发现于澳大利亚。这是在澳大利亚发现的首个大型恐龙。一些古生物学家认为它长着狼牙棒一样的尾巴，但是目前还没有化石可以证实这种猜测。

原来如此

- 对于瑞拖斯龙的认知来自部分骨骼化石，是以希腊之神瑞托斯命名的。
- 最初，人们认为瑞拖斯龙和圆顶龙非常相似，但是通过研究最后发现它和圆顶龙之间有很多不同。

基本参数

时期：白垩纪晚期
食性：肉食
体重：2~3 吨
分类：兽脚亚目
阿贝力龙科

皱褶龙

皱褶龙是一种兽脚亚目恐龙。2000年，古生物学家保罗·塞里诺（Paul Sereno）首次在北非发现了皱褶龙的化石，它的头颅骨马上引起了人们的关注。这其中有两个原因。第一个原因是，它的牙齿非常小，几乎很难发现，这表明皱褶龙可能是以腐尸为食，而不是猎捕活的猎物。第二个原因是，它的头颅骨上面布满了不常见的线条和孔洞，这表明它的皮肤可能有装甲或者这种恐龙的头部有外露的肉（类似鸡嗉子）。

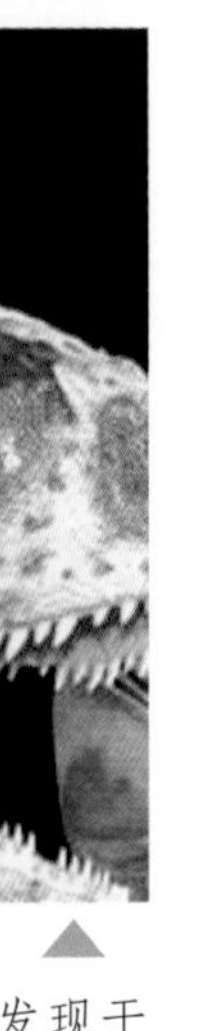

皱褶龙的头颅骨化石发现于非洲的撒哈拉沙漠。它和食肉牛龙是近亲。皱褶龙的另一个名字叫作“原皱褶龙”。

皱褶龙是一种阿贝力龙，与玛君龙属于近亲。皱褶龙是肉食性恐龙，头部很小，鼻子很短，拥有又小又尖的牙齿。一些阿贝力龙的头部会长出圆锥形的角。

原来如此

- 皱褶龙是一种体型中等的肉食性恐龙，身长可达 8 米。
- 皱褶龙可能以蜥脚形亚目或者鸟脚亚目恐龙为食，例如埃及龙或者无畏龙。
- 皱褶龙的学名意为“有皱纹的面孔”。

美甲龙

美甲龙是一种甲龙科恐龙。它的体型庞大，带有重甲。头部上面长有装甲，背部以及身体两侧长着尖刺。美甲龙的尾巴末端呈骨棒状。它的头颅骨拥有复杂的通气孔，以及并不常见的坚硬上颌。这样，美甲龙就可以将吸入的气体冷却，并且可以食用较硬的植物，这些特征表明它生活在非常炎热干燥的环境中。

基本参数

时期：白垩纪晚期
食性：肉食
体重：约 2 吨
分类：装甲亚目
甲龙科

美甲龙的身长约 7 米。它的模式种库尔三美甲龙包含一个头颅骨以及颅后骨架前端部分。

美甲龙是由波兰古生物学家特蕾莎玛丽·安斯卡（Teresa Maryanska）于 1977 年描述的。在蒙古发现了三具美甲龙的骨骼化石。它的模式种是库尔三美甲龙。

原来如此

- 美甲龙的牙齿很小，适合食用比较柔软的植物。
- 美甲龙的化石发现于蒙古南部纳摩盖吐盆地的巴鲁恩戈约特组。
- 美甲龙生活在白垩纪晚期。

基本参数

时期：白垩纪晚期
食性：肉食
体重：约 7 吨
分类：蜥脚形亚目
萨尔塔龙科

萨尔塔龙

萨尔塔龙是一种体型较大的草食性恐龙，拥有很长的颈部，身体上面有骨质甲板。它属于蜥脚下目泰坦巨龙类恐龙，生活于白垩纪晚期，大约八千三百万至七千九百万年前。这种恐龙的背部覆盖着圆形和橄榄形的骨质甲板。甲板的表面非常粗糙，直径为 10~11.5 厘米。萨尔塔龙的头部很小，牙齿较钝，尾巴又短又粗。

萨尔塔龙的化石发现于南美洲的阿根廷。化石包括：一些圆形以及橄榄形的甲板，以及一些不完整的骨骼，包括一些脊椎骨、四肢的骨头和颌骨。

萨尔塔龙是由古生物学家约瑟 · 波拿巴 (J. Bonaparte) 和杰米 · 鲍威尔 (J. Powell) 在 1980 年首次描述、命名。萨尔塔龙的属名取自于阿根廷西北部的萨尔塔省，也是首次发现其化石的地点。它的模式种是护甲萨尔塔龙。

原来如此

- 萨尔塔龙的身长大约为 12 米，高度大约为 4 米。
- 萨尔塔龙的四肢好像圆柱一样结实。它的身体健壮，被骨质甲板保护。
- 萨尔塔龙的甲板包含上百块豌豆大小的小骨头。

地震龙

地震龙的学名意为“使大地震动的蜥蜴”。它是侏罗纪晚期体型庞大的草食性恐龙代表之一。地震龙生活的时间是从基米里阶到提通阶，大约一亿五千四百万至一亿四千四百万年前。它用一排耙子一样的牙齿快速地将树上的叶子咬下来，然后吞掉。

基本参数

时期： 侏罗纪晚期
食性： 草食
体重： 22~27 吨
分类： 蜥脚形亚目
梁龙科

最新研究显示，地震龙的身长约 42 米，重量约 22~27 吨。

地震龙是由古生物学家大卫·吉勒特（David Gillette）于 1991 年首次命名。它的化石曾经发现于美国的新墨西哥州。

原来如此

- 地震龙的体型大小饱受争议，对它身长的预测在 37~45 米不等。
- 地震龙的尾巴像鞭子一样保护着自己。
- 地震龙主要以针叶、银杏、种子、蕨类、苏铁、石松和杉叶藻为食。

基本参数

时期：白垩纪晚期
食性：草食
体重：4~6 吨
分类：角足亚目
角龙科

牛角龙

牛角龙生活在白垩纪晚期的北美洲西部地区，大约七千万至六千五百万年前。它是一种草食性恐龙，长着坚硬而没有牙的喙，可能以苏铁、蕨类、针叶树以及其他低矮植物为食。牛角龙的颊齿可以很好地咀嚼植物。牛角龙身长约 9 米，重量 4~6 吨。

1891 年，约翰 · 贝尔 · 海彻尔（John Bell Hatcher）发现了牛角龙化石，同年由古生物学家奥塞内尔·查利斯·马什（Othniel C. Marsh）为其命名。

牛角龙从头颅骨后侧延伸出一片很大的骨板，它属于角龙科下的开角龙亚科，角龙科的特征是脸上长有角。

原来如此

- 牛角龙是一种体型较大的草食性恐龙，头部长有三个角，使用四足行走。
- 牛角龙是蛋孵恐龙，可能群居生活。
- 牛角龙的喙没有牙齿，尾巴很短，身体结实。

三角龙

三角龙是一种体型中等的草食性恐龙。它生活在白垩纪晚期的北美洲，大约七千两百万至六千五百万年前。三角龙是白垩纪第三纪大灭绝时期灭绝的种类之一。三角龙四足行走，它的身长大约9米，高度大约3米，仅仅一个头颅骨就有1.8米。

基本参数

时期：白垩纪晚期
食性：草食
体重：6~12吨
分类：角龙下目
角龙科

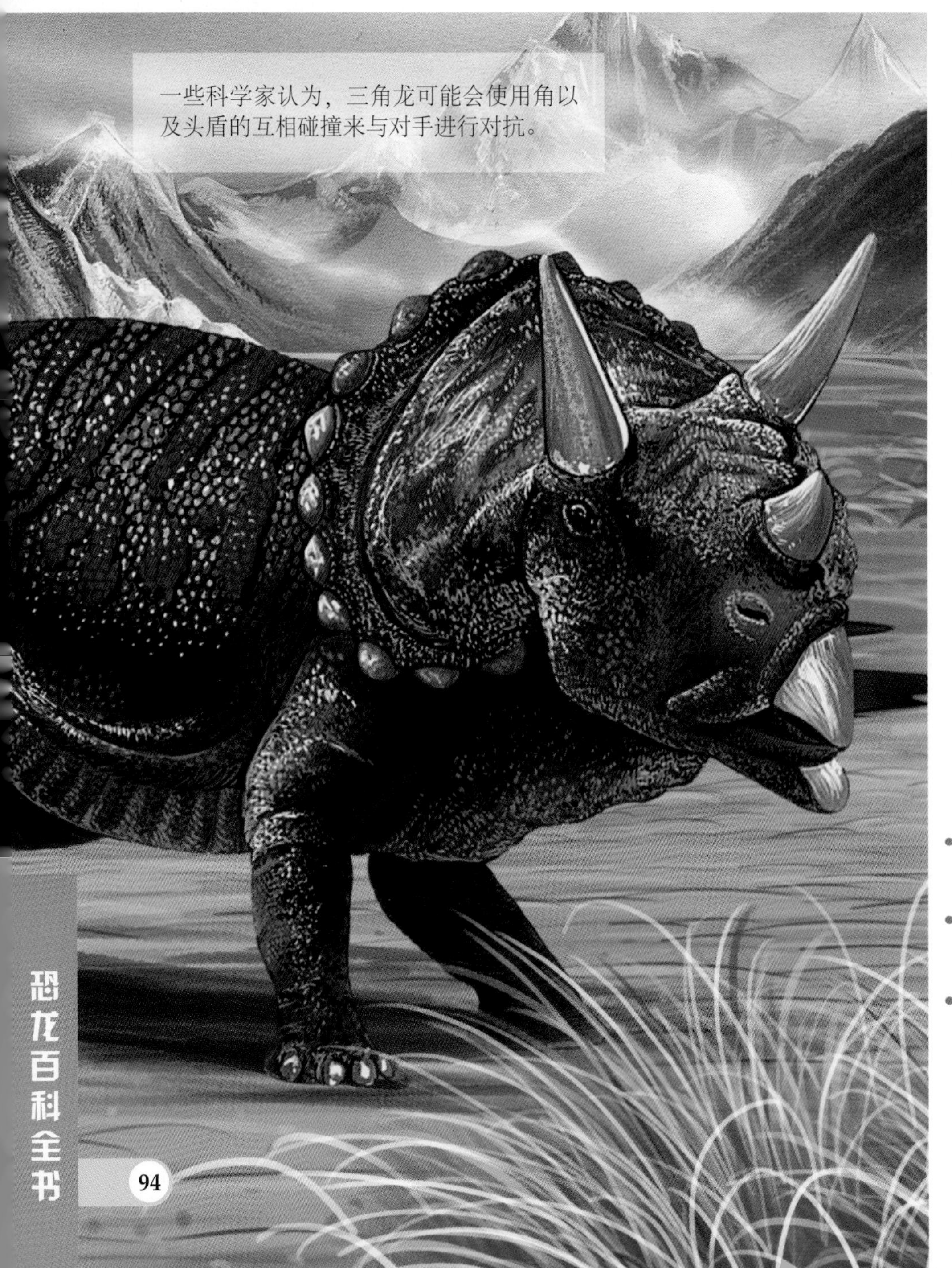

一些科学家认为，三角龙可能会使用角以及头盾的互相碰撞来与对手进行对抗。

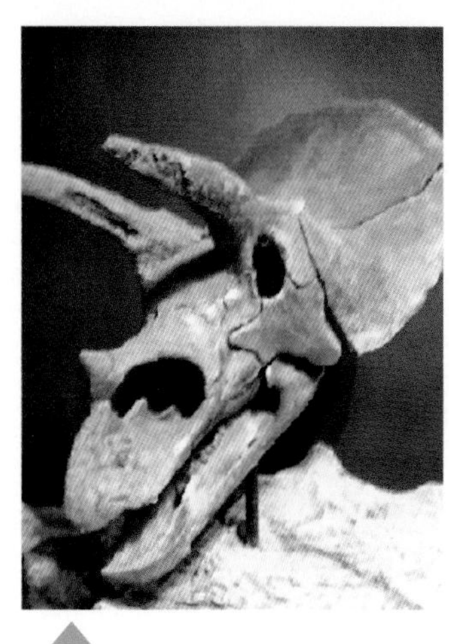

19世纪晚期，美国著名化石探寻者奥塞内尔·查利斯·马什（Othniel C. Marsh）和巴纳姆·布朗（Barnum Brown）发现了上百具三角龙化石。

原来如此

- 三角龙被认为是一种群居性恐龙。
- 三角龙脸上的三个角可能是用来自我保护的。
- 三角龙坚固的颈盾可以为它提供更多的保护。

基本参数

时期： 侏罗纪晚期
食性： 草食
体重： 约 4 吨
分类： 装甲亚目
剑龙科

剑龙

剑龙是最知名的恐龙之一，因其特殊的骨板与尾刺闻名。它是草食性四足恐龙，生活在侏罗纪晚期，大约一亿五千五百万年前。剑龙与一些巨型蜥脚类恐龙，如梁龙、圆顶龙、雷龙等优势草食性恐龙，生存于相同时代的相同地区，分布于北美洲和欧洲。

剑龙最早为奥斯尼尔·查尔斯·马许在 1877 年命名。化石发现地点是美国科罗拉多州莫里森北部。

剑龙的身体庞大且沉重，大概相当于一辆巴士车。它的前肢比后肢短，头部靠近地面，硬挺的尾巴平举于空中。剑龙具有小头部和短颈部，意味着它可能以低矮植物为食。

原来如此

- 剑龙从鼻端到尾部的身长为 9 米。
- 剑龙的头部在整个身体中只占很小的一部分。
- 剑龙的学名意为“有屋顶的蜥蜴”。

暴龙

暴龙，又名霸王龙，是已知的肉食性恐龙中体型较大的。它长着厚实沉重的头颅骨，下颌骨长达 1.2 米，所有这些特征都有利于咬断其他动物的骨骼，因此它是凶猛的猎食者。从它的化石来看，暴龙的体长约 12 米，高度 4.6~6 米。它的腿骨非常有力，尾部长而强壮，能够快速地移动，它那 1.5 米长的硕大的头颅骨可以穿透猎物的身体。

基本参数

时期：白垩纪晚期
食性：肉食
体重：约 6.8 吨
分类：兽脚亚目
暴龙科

暴龙的化石发现于北美洲西部和蒙古。它跑动的速度可以达到每小时 32 千米，迈一步就可以跨越 4.6 米。

暴龙是美国古生物学家亨利·费尔费尔德·奥斯本（Henry Fairfield Osborn）于1905年命名的。学名意为“蛮横、强壮的蜥蜴”。

原来如此

- 暴龙非常凶猛，很难受到袭击，只有一些体型巨大的草食性恐龙或自然灾害才能对它构成威胁。
- 暴龙的前肢上有两根手指，可以抓握猎物，但是因为它们太短，所以够不到自己的嘴巴。
- 科学家认为，这种凶猛的猎食者一口可以吞下 227 千克的肉。

基本参数

时期：白垩纪晚期
食性：肉食
体重：70~80 千克
分类：兽脚亚目
驰龙科

半鸟

在已知的恐龙中，和鸟类最相似的就是生活在九千万年前的半鸟，它是一种不会飞翔，高度约 1.2 米，身长约 2.3 米的肉食类恐龙。费娜德·诺瓦斯为半鸟命名，意为“巴塔哥尼亚西北部的一半鸟类”。半鸟的肩部结构使得它较短的前肢在抓握猎物时，可以向前、向后、向内移动，还可以向上、向下移动，用来做出拍打的动作。

阿根廷布宜诺斯艾利斯自然历史博物馆的费娜德·诺瓦斯（Fernando Novas）在阿根廷巴塔哥尼亚地区一个古老的河床中发现了 20 个半鸟的化石。

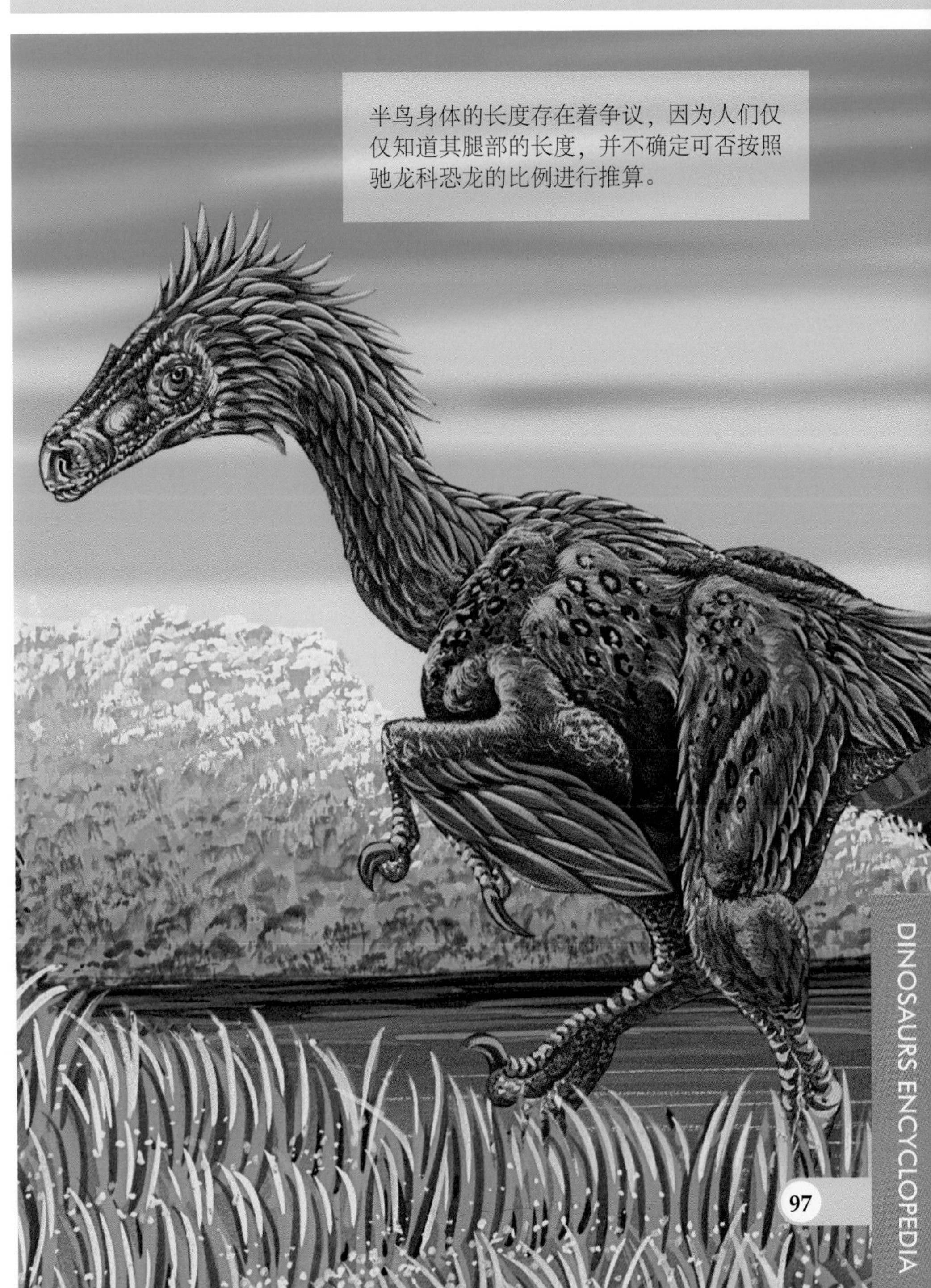

半鸟身体的长度存在着争议，因为人们仅仅知道其腿部的长度，并不确定可否按照驰龙科恐龙的比例进行推算。

原来如此

- 半鸟和鸵鸟大小相仿，但是体型和伶盗龙更为接近，有着突出的向后的耻骨。
- 半鸟的上肢甚至可以像鸟类的翅膀那样扇动。
- 半鸟如同双翼的上肢很短，不能支撑自己沉重的身体。

伶盗龙

伶盗龙是一种中型的兽脚亚目驰龙科恐龙，生活在大约七千五百万至七千一百万年前的白垩纪晚期。它的学名意为“敏捷的盗贼”。它部分牙齿的长度超过了2.5厘米。这种猎食者的颈部呈S形，前肢有三根手指，且有指爪，后肢纤细，有四根脚趾，长有趾爪。跑动起来后，它镰刀形的脚趾向后，时刻准备将任何抓住的猎物撕碎。

基本参数

时期：白垩纪晚期
食性：肉食
体重：6.8~15千克
分类：兽脚亚目
驰龙科

与其他驰龙科恐龙相比，伶盗龙具有长而低矮的头颅骨，及向上翘起的口鼻部。伶盗龙生活在炎热干燥的环境中。

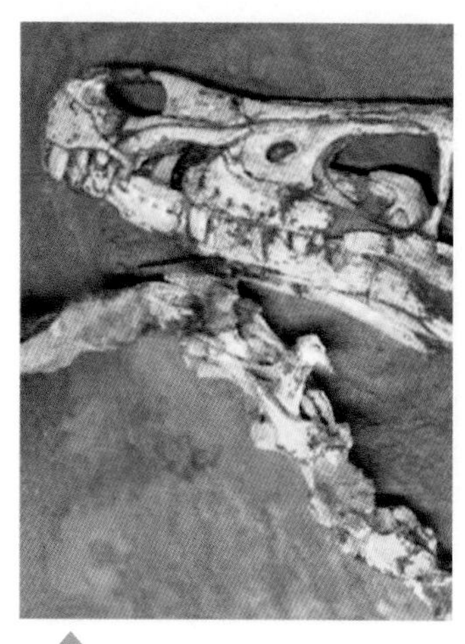

1922年，前往蒙古戈壁沙漠外围的一支探险队首次发现了伶盗龙化石。化石为头颅骨（虽然经受挤压但是完整），以及第二根脚趾的趾爪。伶盗龙于1924年被命名。

原来如此

- 伶盗龙是一种使用两足行走的恐龙，它的跑动速度极快。
- 伶盗龙是肉食类恐龙，拥有大约80颗卷曲而锋利的牙齿，口鼻向上微翘。
- 伶盗龙的表皮长有羽毛，是肉食类恐龙，尾巴又长又硬。

基本参数

时期： 侏罗纪晚期
食性： 肉食
体重： 约 3.7 吨
分类： 兽脚亚目
中棘龙科

永川龙

永川龙是一种超过 10 米长的兽脚亚目恐龙。它的体重大约 3.7 吨，头颅骨很大，足有 1.1 米长，口鼻处有突起和骨结。它和近亲异特龙非常相似，只是体型稍小。永川龙的脚掌有三只脚趾，全部长有长长的趾爪。它使用强壮的后肢行走，前肢短小。颈部短小粗壮，头部硕大，颌部结实有力，锯齿形的牙齿很大。

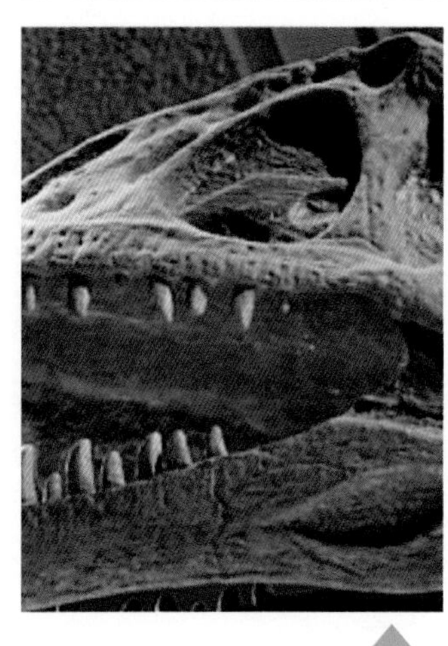

1977 年 6 月，在中国重庆永川区进行上游水坝施工时，一位建筑工人发现了永川龙几乎完整的头颅骨。

永川龙体型巨大，是一种凶猛的猎食者，甚至可以杀死较大的兽脚亚目恐龙。这种恐龙实际上是肉食龙，它也可能食用腐尸，智商在恐龙家族中处于较高水平。

原来如此

- 永川龙体型巨大，是一种凶猛的肉食类恐龙，主要捕捉小型动物。
- 永川龙这种大型恐龙的尾巴很长，几乎是身长的一半。
- 永川龙的上肢短小，每个手掌都有三只指爪。

西风龙

西风龙是一种角足亚目鸟脚下目棱齿龙科恐龙。它具有一些显著的特征，包括高耸的脸颊，上颌有突出的骨节，脸颊也有较大的突出骨节。它的某些头骨可以在头颅骨中活动。和其他棱齿龙科恐龙一样，它也拥有长了牙的喙。一些研究表明，西风龙和奔山龙有非常相近的血缘，主要因为它们的双颊均有突起。

基本参数

时期： 白垩纪早期
食性： 草食
体重： 约 70 千克
分类： 角足亚目
棱齿龙科

西风龙和奔山龙有些共同特征——两颊有突起物，这可能与穴居相关。

西风龙的化石发现于美国的蒙大拿州，由古生物学家汉斯·戴尔特·苏伊士（H.D. Sues）于 1980 年命名。

原来如此

- 对于西风龙的认知来自少量化石，包括一个头颅骨和一些脊椎骨。
- 西风龙生活在大约一亿一千九百万至一亿一千三百万年前。
- 西风龙的头部较小，颊齿较平，后肢修长，前肢短小。